AF589048

DESCRIPTION

DES

SERRES DU JARDIN BOTANIQUE

DE

L'UNIVERSITÉ DE COPENHAGUE

AVEC L'EXPLICATION DU PLAN DU JARDIN,

TEL QU'IL A ÉTÉ ARRÊTÉ ET EXÉCUTÉ EN 1871—1874.

PUBLIÉE À L'OCCASION

DU

QUATRIÈME CENTENAIRE DE L'UNIVERSITÉ

EN

JUIN 1879

PAR

J. C. JACOBSEN ET TYGE ROTHE.

COPENHAGUE.

IMPRIMERIE DE THIELE.

1879.

L'UNIVERSITÉ DE COPENHAGUE comptait plus de 120 années d'existence avant qu'elle possédât un JARDIN BOTANIQUE. C'est seulement en 1600 qu'on en établit un sur une échelle bien modeste tout près des anciens bâtiments de l'Université. L'année 1752 en vit créer un nouveau à Amalienborg; mais on ne saurait dire qu'il ait remplacé le premier, qui continua à subsister conjointement avec lui jusqu'en 1778, époque où ils furent tous les deux supprimés pour faire place au jardin de Charlottenborg, qui remplit dignement sa destination pendant près d'un siècle, jusqu'à ce que ses limites trop étroites et d'autres inconvénients de plus en plus graves eurent rendu impossible de satisfaire, sur cet emplacement, aux exigences croissantes de la science, et fait reconnaître la nécessité de le transporter sur un terrain plus favorable.

Ce terrain ayant été acquis et les négociations multiples nécessitées par ce déplacement, menées à bonne fin, on procéda, en 1871, à l'établissement du jardin botanique actuel de l'Université, et il lui fut livré en 1874 sous la forme que nous nous proposons de décrire dans les pages suivantes.

Le ministère des cultes et de l'instruction publique, pendant cette période, avait pour chef Son Excellence M. *C. Hall.*

Le comité chargé de dresser et d'exécuter les plans du jardin se composait de MM. *Joh. Lange,* directeur et *Th. Friedrichsen,* inspecteur du jardin botanique, *A. S. Ørsted**), *J. Nellemann***) et *J. Japetus S. Steenstrup,* professeurs à l'Université, *L. V. Gede,* questeur de l'Université, et enfin de MM. *H. Flindt, Tyge Rothe* et *J. C. Jacobsen.*

La construction des bâtiments a été donnée en entreprise à MM. *S. P. Beckmann, Th. Hüttemeier* et *F. E. Kerrn,* et les travaux ont été exécutés sous la surveillance et la haute direction du comité, conformément aux plans adoptés.

La situation du jardin botanique sur une partie des anciennes fortifications de Copenhague, entre Østervoldgade, Gothersgade et Østerfarimagsgade, est particulièrement favorable, comme il se trouve ainsi placé dans l'intérieur de la ville, à proximité de l'Université et des autres institutions scientifiques fréquentées journellement par les étudiants, et que, d'un autre côté, les grands terrains ouverts et plantés qui l'avoisinent, tels que les jardins de Rosenborg et la promenade des glacis, le mettent à l'abri des inconvénients qui, en général, ont une influence si nuisible sur les jardins urbains. Cette situation est également très commode pour les visiteurs tant étrangers qu'habitants de la ville, comme le prouve la grande affluence de ceux qui viennent se promener dans le jardin et dans les serres.

Le jardin a une *superficie* de $9^{\text{hect.}}$,76 environ, et présente la forme d'un carré oblong un peu irrégulier dont la longueur moyenne est de $380^{\text{mètres}}$ et la largeur moyenne de $270^{\text{m.}}$ (Pl. I et II). En outre, au nord-est, se trouve un terrain de $0^{\text{hect.}}$,7885, appartenant également à l'Université, qui, en 1872, l'a reçu en échange d'une étendue équivalente du jardin cédée aux autorités communales pour transformer Østervoldgade en un large boulevard.

La configuration du sol est très accidentée, résultat qui a été obtenu par une appropriation convenable des remparts, fossés, ouvrages extérieurs, glacis etc. qui constituaient le terrain primitif. On a pu ainsi, d'une manière très heureuse pour la distribution des plantes, ménager des pentes vers les différents points de l'horizon, disposer d'emplacements libres ou abrités, secs ou humides, satisfaire en un mot aux conditions les plus diverses, de même qu'il a été possible de donner à l'ensemble un aspect bien plus pittoresque que si l'on eût eu affaire à un terrain uniforme.

La Pl. I fournit à cet égard les renseignements nécessaires, les chiffres et les courbes à l'encre bleue indiquant en pieds les hauteurs du terrain primitif au-dessus du niveau de la mer, et les désignations à l'encre rouge, les hauteurs actuelles.

---

*) Enlevé prématurément à la science le 3 Septembre 1872.

**) A fait partie du comité de Décembre 1871 à Septembre 1872.

Comme caractérisant surtout le jardin, nous signalerons la grande dépression de terrain qui commence à 65$^{m.}$ en dedans de son angle sud, et s'étend vers le nord, sur une longueur d'environ 280$^{m.}$, jusqu'au plateau sur lequel les serres et d'autres bâtiments s'élèvent un peu au-dessus des rues contiguës, tandis qu'elle entoure à l'est une colline haute de 13$^{m.}$ que couronne l'observatoire astronomique de l'Université (Pl. II, Æ), et est limitée à l'ouest par deux collines jumelles dont les sommets ornés de pierres atteignent presque la même hauteur que la base de l'observatoire. Le jardin se raccorde du reste par des pentes convenables avec les rues et les chemins environnants.

Ce terrain coupé a rendu presque partout le drainage superflu, mais a nécessité, sur les pentes les plus raides, l'établissement de rigoles en pierre pour empêcher les terres d'être emportées par les fortes pluies ou les eaux provenant du dégel.

La nature du sol est en général satisfaisante et bien appropriée à sa destination, de sorte que, si l'on en excepte quelques parties d'une faible étendue, il n'a exigé d'autre amélioration que des travaux de défrichement et de terrassement, lesquels, il est vrai, ont été assez importants, comme on avait affaire à un terrain pour ainsi dire inculte, dont la moitié environ (voir Pl. I) a dû subir un abaissement de niveau souvent considérable, qui a fourni la terre nécessaire à l'exhaussement d'autres parties du jardin. Il en est résulté un transport de terres de 168000 mètres cubes environ, et en procédant à ce travail, on a d'abord enlevé et mis provisoirement en tas la couche superficielle de terre végétale, qui a ensuite été répandue sur le sous-sol, après qu'on l'a eu creusé ou comblé à la hauteur voulue.

Lors de la démolition d'un des bastions, on a mis à découvert un tas d'engrais composé de fumier d'écurie et de balayures ordinaires, et qui y était enterré depuis près de deux siècles sous une énorme masse de terre. Cet engrais a été répandu sur quelques-unes des parties du jardin destinées à recevoir du gazon, et il n'est pas douteux qu'elles ont été améliorées par ce mélange.

Que certaines plantations, comme celles du quartier des plantes palustres (Pl. II, M), qui exigent un sol tout spécial, aient nécessité un transport de terre du dehors, cela va sans dire.

L'eau est très abondante, la transformation d'une partie de l'ancien fossé des fortifications ayant permis d'établir un grand bassin de 9000$^{m.}$ carrés et de 3$^{m.}$,20 de profondeur, dont la surface est située à 1$^{m.}$,26 au-dessus du niveau de la mer (v. Pl. II, R), et qui est alimenté par les lacs avoisinants. L'eau fraîche y entre à son extrémité nord et en sort par une conduite souterraine à l'angle sud-ouest, de sorte qu'elle peut être maintenue continuellement en circulation, sans que le pont en fer qui réunit les deux rives du bassin dans sa partie la plus étroite y mette aucun obstacle.

Ce bassin sert à la culture d'un grand nombre de plantes aquatiques robustes, et fournit en même temps de l'eau d'arrosage pour les plantes voisines.

Devant le grand escalier des serres se trouve un bassin construit en béton, de 15$^{m.}$,70 de diamètre (Pl. II), servant également à l'arrosage, et muni d'un jet d'eau formé d'un gros jet central, qui s'élance à une hauteur de 7$^{m.}$, et de 6 autres plus petits groupés en cercle tout autour et retombant au milieu du bassin. L'eau arrive également sous pression dans les serres (Pl. II, A-L), comme nous le verrons plus en détail en décrivant ces dernières, ainsi que dans les emplacements réservés aux couches chaudes (Pl. II, U) et ceux destinés à recevoir en été les plantes des serres froides et tempérées (Pl. II, S). Enfin, des conduites semblables sont établies, pour l'arrosage des plantes croissant à l'air libre, dans les parties du jardin les plus exposées à se dessécher pendant l'été, telles que les collines des plantes alpines, les quartiers des plantes médicinales (Pl. II, N), des plantes herbacées annuelles et bisannuelles (Pl. II, O et P) et des plantes indigènes (Pl. II, Q).

Les allées ont une longueur totale de 4700$^{m.}$ et occupent, avec les places qui sont sablées avec du gravier, une superficie d'environ 16,000$^{m.c.}$ Leur largeur est pour la plupart de 3$^{m.}$,75, et varie pour les autres, suivant qu'elles sont situées dans des endroits plus ou moins fréquentés. Les travaux de terrassement ayant mis au jour une grande quantité de pierres et fait découvrir une riche veine de gravier, on a profité de cette circonstance pour les consolider avec un empierrement recouvert d'une couche de gravier. Enfin, comme il y en a un grand nombre qui sont établies sur de fortes pentes, il a fallu les munir de rigoles en pierre pour l'écoulement des eaux.

La question des abris peut être regardée comme résolue d'une manière satisfaisante, ce qui est dû en partie aux alentours, les hautes constructions qui s'élèvent à une certaine distance, surtout à l'ouest et au sud, et les grandes plantations de vieux arbres qui s'étendent principalement à l'est et au nord, offrant de bons remparts contre le vent; mais le jardin botanique possède également dans ses propres limites d'excellents abris consistant en arbres robustes et branchus à croissance rapide, de même que plusieurs parties en sont déjà bien protégées par cela seul qu'elles sont situées dans un bas-fond.

LES SERRES.

Les serres jouent dans notre climat un rôle considérable et y sont indispensables à l'étude scientifique du monde végétal, comme un grand nombre d'espèces, voire même des genres et des familles entiers, qui, sous ce rapport, sont d'une grande importance, appartiennent à des zones plus chaudes et ne peuvent réussir chez nous que dans des serres, qui seules permettent de réaliser les conditions nécessaires à leur développement.

En raison de leur importance et pour les mettre en harmonie avec leurs pittoresques alentours, on a établi les serres dans la partie nord sur un plateau d'où elles dominent sur le devant tout le jardin, en même temps qu'elles sont protégées sur le derrière contre les vents froids par de grands bâtiments, dont elles sont du reste séparées par des plantations d'arbres, qui, dans quelques années, leur fourniront un nouvel abri et un joli fond de verdure. Elles comprennent un assez grand nombre de constructions en partie indépendantes, avec des subdivisions, mais qui forment un ensemble bien lié, dans lequel l'espace occupé par les plantes a une superficie de 2400$^{m.c.}$ et une capacité de 12000$^{m. cubes}$ et est recouvert d'une toiture en verre qui mesure plus de 3200$^{m.c.}$

Le corps principal des serres se compose de deux rangées parallèles communiquant directement entre elles, avec façade au S. S. E., et dont la plus basse, celle de devant, est adossée au mur d'une terrasse qui s'étend devant l'autre, de manière à ne pouvoir projeter son ombre sur celle-ci. Cette disposition a en outre permis de réaliser une notable économie sur les frais de construction, et de procurer un excellent abri surtout aux serres situées en contre-bas, en même temps qu'elle a facilité le travail et la surveillance et rendu possible de chauffer toutes les serres avec un seul foyer, à l'aide duquel on peut également produire une ventilation énergique, même en hiver.

La rangée de derrière (Pl. II et Pl. IV, A—E), qui est située à 7$^{m.}$,70 au-dessus du niveau du grand bassin, comprend les grandes serres, qui ont une longueur de 94$^{m.}$ sur une hauteur de 19$^{m.}$ au centre et de 10$^{m.}$ aux deux extrémités. Celle de devant (Pl. II et Pl. IV, F—G), qui est en contre-bas de 4$^{m.}$,40 et, par conséquent, à 3$^{m.}$,30 au-dessus du niveau du grand bassin, se compose de deux serres ayant chacune 39$^{m.}$ de long sur 4$^{m.}$,40 de haut, et dont le faîtage correspond au pied du parapet de la terrasse mentionnée plus haut, sous laquelle est un souterrain de 86$^{m.}$ de long, qui fait communiquer entre elles les serres des deux rangées.

Cette terrasse est utilisée pour le service des grandes serres et sert aussi de promenade au public, qui y trouve des bancs pour se reposer. Au centre, devant la serre des Palmiers, est un escalier en granite de 6$^{m.}$,30 de large (Pl. II, Pl. IV, Pl. XII, Fig. 1) qui conduit au jardin, et l'on peut également y descendre des deux extrémités de la terrasse.

A 6$^{m.}$,30 de la seconde rangée de serres et à quelques pieds plus bas, s'élèvent deux serres isolées à deux versants, orientées vers l'est et l'ouest (Pl. II, Pl. IV, Pl. XIII, H et I), et ayant chacune 16$^{m.}$,30 de long sur 6$^{m.}$,30 de large et 3$^{m.}$,20 de haut.

A quelque distance à l'est des grandes serres, on a construit un aquarium (Pl. II, K, Pl. XIV) circulaire de 9$^{m.}$,50 de diamètre sur 5$^{m.}$ de haut, et derrière deux petites serres à deux versants (Pl. II, L, Pl. XV) pour la multiplication des plantes et les recherches scientifiques.

Comme les serres, dans un jardin botanique, doivent renfermer aussi bien des plantes âgées et de grandes dimensions que des exemplaires plus jeunes ou appartenant à des formes de petite taille, il faut qu'elles comprennent de vastes parties centrales pour les grandes plantes avec des ailes et des annexes latéraux plus bas pour les petites, et, à cet égard, plusieurs des meilleures serres modernes construites à l'étranger peuvent servir de modèles.

Dans quelques-unes de ces serres, les toitures sont curvilignes et ont la forme d'une voûte qui se termine en demi-dômes, disposition qui permet de donner aux plantes la plus grande quantité de lumière possible dans toutes les directions.

Mais si la forme curviligne est à préférer sous ce rapport, elle présente, d'autre part, le double inconvénient d'exiger des constructions très solides et très coûteuses, et de rendre fort difficiles l'établissement et l'entretien du vitrage, surtout lorsque, comme dans notre climat, il doit être double, sans compter qu'elle apporte de grands obstacles à une ventilation suffisante dans la partie supérieure des serres. Ces considérations ont fait adopter la forme rectiligne; mais pour obtenir autant que possible les avantages des constructions curvilignes, on a donné à quelques serres, entre autres à la principale, celle des Palmiers (A), la forme circulaire avec des surfaces alternativement verticales et inclinées qui sont éclairées de tous les côtés.

Quant aux deux serres B et C, contiguës à celle des Palmiers, il a fallu leur donner une forme rectangulaire avec une toiture en verre à deux versants; mais les serres D et E, aux deux extrémités, sont circulaires comme la serre des Palmiers, et il en est de même de l'aquarium isolé, K. Les autres serres basses destinées à recevoir de petites plantes, ont les formes ordinaires avec des toits à un ou à deux versants.

Dans la construction de toutes les grandes serres (A—E), on n'a, outre la maçonnerie, fait entrer que le fer, comme étant de tous les matériaux propres à bâtir celui qui est le plus léger, le plus solide et le plus durable, et qui intercepte le moins les rayons du soleil. Les colonnes et les montants principaux sont en fonte, et pour tout le reste on s'est servi de barres de fer forgé (Pl. XII, Fig. 9—12).

Quant à l'inconvénient, bien souvent signalé, des constructions en fer dans les serres, que ce métal est un trop bon conducteur de la chaleur, et que l'humidité de l'air s'y condense pour retomber ensuite en gouttes froides qui sont nuisibles aux plantes, on y a remédié en renfermant les barres de fer entre les châssis en bois du double vitrage, de manière à les soustraire au contact de l'air tant extérieur qu'intérieur.

L'aquarium, qui doit être maintenu chaud et humide, est construit en fer de la même manière que les grandes serres. Mais les autres serres basses sont construites en bois suivant le mode ordinaire, ce qui a surtout été motivé par des considérations financières.

Quoique les plus fortes tempêtes n'atteignent chez nous qu'une vitesse de 31$^{m.}$ par seconde avec une pression de 85 Kilog. par mètre carré, on a, dans la construction des serres, calculé la pression à raison de 150 Kilog. par mètre carré, ce qui correspond à un ouragan ayant une vitesse de 42$^{m.}$ par seconde. Quant à la surcharge due à la neige, elle a seulement été estimée à 20 Kilog. par mètre carré, comme la neige, à mesure qu'elle tombe, est fondue par des tuyaux à vapeur disposés pour cet usage.

Les fondements sont en béton. Pour les plus importants on s'est servi de ciment de Portland et, pour les autres, de celui de Bornholm. La maçonnerie est en briques dures avec du ciment de Bornholm ou de la chaux, suivant que les murs sont ou non exposés à l'humidité. On a employé la maçonnerie creuse dans le mur qui sépare le souterrain de la terrasse des serres F et G, comme aussi dans les murs de façade de ces dernières, en B^2, C^2, H, I, K et L, dans le mur extérieur des ateliers adossés aux grandes serres, et dans la cheminée de ventilation (Pl. VI et XVI). Dans les serres humides, les murs sont enduits de ciment de Portland, et les murs du fond, dans la serre des Palmiers et la serre F, sont revêtus de tuf calcaire.

La serre des Palmiers (Pl. II et Pl. IV, A; Pl. IX) est construite sous forme d'un cercle de 30$^{m.}$ de diamètre avec une partie centrale exhaussée, de 18$^{m.}$,70 de diamètre. Cette rotonde intérieure a 10$^{m.}$,30 de hauteur jusqu'à la base du toit, qui, sous une inclinaison de 27°, atteint à son sommet une élévation de 15$^{m.}$,60, et est couronné d'une lanterne avec coupole, de 3$^{m.}$,10 de diamètre sur 3$^{m.}$,10 de haut. La rotonde extérieure mesure à sa périphérie une hauteur de 4$^{m.}$,70, et son toit s'élève jusqu'à 7$^{m.}$,50 sous la même inclinaison que le précédent.

La partie centrale exhaussée repose sur 18 colonnes en fonte de 7$^{m.}$,50 de haut, dont les piédestaux, qui ont un diamètre de 0$^{m.}$,42 et une hauteur de 1$^{m.}$,25, sont solidement encastrés dans des fondements en maçonnerie de 2$^{m.}$ de profondeur. Les fûts des colonnes ont un diamètre de 0$^{m.}$,25 à la base et de 0$^{m.}$,22 à la partie supérieure.

Au-dessus des chapiteaux, les colonnes se prolongent en pilastres carrés de 0$^{m.}$,208 de côté, ornés de 4 consoles qui portent les galeries et la poutre tubulaire (Pl. IX, *α*) sur laquelle repose la rotonde centrale. Cette poutre se compose de 2 fers en I de 0$^{m.}$,220 sur 0$^{m.}$,065, pesant 25 Kilog. par mètre et reliés en haut et en bas à 2 plaques de 0$^{m.}$,396 sur 0$^{m.}$,026 et de 0$^{m.}$,314 sur 0$^{m.}$,007. Elle est consolidée sur sa face intérieure par un anneau à treillis en fer en I et en T (Pl. IX, *α-β*) de 0$^{m.}$,785 de large, et un anneau horizontal semblable (Pl. IX, *α-γ*) de 0$^{m.}$,707 de large en entoure la face extérieure.

Ces anneaux à treillis sont boulonnés sur les consoles qui portent les galeries intérieure et extérieure. La construction horizontale qui en résulte a une largeur totale de 1$^{m.}$,884 et est d'une solidité telle qu'elle peut résister aux ébranlements causés par le vent le plus violent. Elle est de plus reliée au mur du fond et à ses contreforts par les chevrons de la rotonde extérieure, de même qu'aux rotondes D et E par les sablières et les poutres de faîtage des ailes B et C, et assure ainsi à l'édifice entier des grandes serres une stabilité à toute épreuve.

Le comble de la rotonde centrale est formé de 36 chevrons (Pl. IX, *ζ*) de 8$^{m.}$,80 de long, en fer en I de 0$^{m.}$, 20 sur 0$^{m.}$,065, pesant 25 Kilog. par mètre, et boulonnés en haut à l'anneau en fer à cornière (Pl. IX, *η*), de 0$^{m.}$,130 sur 0$^{m.}$,130 et 0$^{m.}$,020, qui porte la lanterne; 6 d'entre eux se prolongent jusqu'au centre, où ils sont assemblés dans un solide anneau en fonte. Les chevrons sont en bas fixés à une sablière (Pl. IX, *ο*) de 0$^{m.}$,208 sur 0$^{m.}$,026, reposant sur les 18 pilastres en fonte qui forment le prolongement des colonnes, et sur 18 montants en fer en I de 0$^{m.}$,208 sur 0$^{m.}$,104. Les pilastres sont renforcés contre la poussée latérale par des contreforts en fonte de 0$^{m.}$,90 de hauteur (Pl. IX, *ι*) qui sont boulonnés sur les consoles sous la galerie extérieure.

Le comble de la rotonde extérieure se compose de 54 chevrons (Pl. IX, δ) de 6$^{m.}$,63 de long, en fer en I de 0$^{m.}$,180 sur 0$^{m.}$,055, pesant 19 Kilog. par mètre, qui sont fixés en haut à la poutre tubulaire (Pl. IX, α), et en bas à la sablière en tôle de 0$^{m.}$,156 sur 0$^{m.}$,026 (Pl. IX, ϰ) qui repose sur le mur du fond (Pl. IX, ε) et sur les pilastres en fonte (Pl. IV, A α) et les montants en fer I de la façade vitrée. Les pilastres et montants reposent sur une plaque en fonte de 0$^{m.}$,58 de large qui est boulonnée dans le mur de soubassement et en couvre la surface.

L'entrée principale, qui a 1$^{m.}$,50 de large sur 3$^{m.}$ de haut, se trouve sur la façade de la serre (Pl. IV, τ) et donne sur un vestibule. Vis-à-vis, dans le mur du fond, on a ouvert une autre porte (Pl. IV, ξ) de 4$^{m.}$ de large sur 4$^{m.}$,70 de haut, qui sert au transport des plantes.

Les tablettes d'ardoise disposées contre les murs extérieurs ont 1$^{m.}$,10 de large et reposent sur des chevalets en fer (Pl. IV, A β; Pl. VII, Fig. 2 α). Sur la façade, elles sont éloignées du mur de 0$^{m.}$,08 afin que l'air chaud puisse monter entre le vitrage et les plantes, tandis qu'on n'a ménagé aucun intervalle le long du mur du fond, pour que les plantes qui tapissent le revêtement en tuf de ce mur ne se dessèchent pas.

La communication avec la galerie de la rotonde centrale a lieu au moyen de 2 escaliers en hélice en fonte de 1$^{m.}$,60 de diamètre (Pl. IV, A γ).

La serre B (Pl. IV et XI) a 20$^{m.}$ de long sur 9$^{m.}$,22 de large et 7$^{m.}$,50 de haut. Le toit, qui est à deux versants avec une inclinaison de 33°, repose du côté de la façade sur 6 colonnes en fonte de 4$^{m.}$,70 de haut sur 0$^{m.}$,150 de diamètre (Pl. XI, β), et du côté opposé sur un mur de la même hauteur (Pl. XI, α). Les chevrons, longs de 5$^{m.}$,39 et espacés de 1$^{m.}$,25, sont en fer en I de 0$^{m.}$,160 sur 0$^{m.}$,048 et pèsent 15 Kilog. par mètre. Ils sont boulonnés sur l'arêtier (Pl. XI, γ), qui est en fer en I de 0$^{m.}$,180 sur 0$^{m.}$,055, et reliés entre eux par des armatures en fonte de 2$^{m.}$ de long (Pl. XI, δ). Enfin on les a fixés, par leurs extrémités inférieures, au mur du fond et aux colonnes par des consoles de la même longueur (Pl. XI, ε et ζ), pour consolider le comble sans recourir à l'emploi des tirants, qui seraient nuisibles aux grandes plantes cultivées dans cette serre.

La serre B est élargie au sud par une partie latérale B² plus basse, de 20$^{m.}$ de long sur 4$^{m.}$ de large, dont le toit a une inclinaison de 33°. Les chevrons, longs de 4$^{m.}$,70 et espacés de 1$^{m.}$,25, sont en fer en T de 0$^{m.}$,140 sur 0$^{m.}$,050 et revêtus de bois (Pl. XII, Fig. 5). Ils reposent sur une plaque angulaire en fonte (Pl. XI, η) qui couvre le mur de soubassement (Pl. XI, θ), et sont boulonnés à 3$^{m.}$,20 au-dessus du sol sur la poutre tubulaire (Pl. XI, ι), formée de 2 fers en I de 0$^{m.}$,160 sur 0$^{m.}$,048 et de 2 plaques de 0$^{m.}$,300 sur 0$^{m.}$,020, qui est fixée aux colonnes.

La serre B, avec son annexe latéral B², est divisée par un châssis vitré en 2 parties inégales ($^{2}/_{3}$ + $^{1}/_{3}$). B² renferme une bâche chauffée en maçonnerie (Pl. IV, B² δ; Pl. XI, ϰ) de 12$^{m.}$ de long sur 2$^{m.}$ de large, et le long de la façade, à 0$^{m.}$,08 du mur, court sur des supports en fer une tablette en ardoise (Pl. IV, B² β), de 0$^{m.}$,86 de large. Dans B, on a disposé devant les colonnes des gradins en bois de 2$^{m.}$,50 de large, et, au pied du mur du fond, qui est revêtu d'un treillis en bois, se trouve une plate-bande de 0$^{m.}$,70 de large.

Sur le toit de l'annexe B² est établie le long des colonnes une légère galerie en fer et en bois.

Ces deux divisions, qui maintenant n'en font qu'une, sont, quant à leur construction et à la distribution de leurs tuyaux calorifères, disposées de manière qu'elles puissent au besoin être séparées par une cloison vitrée et former deux serres indépendantes.

La serre circulaire D (Pl. IV et X) a un diamètre de 18$^{m.}$,50. La partie centrale en est exhaussée comme dans la serre A et forme une rotonde de 12$^{m.}$,60 de diamètre, qui mesure 4$^{m.}$,70 de haut jusqu'à la base du toit et 7$^{m.}$,70 jusqu'à son sommet, non compris la lanterne. Le comble est formé de 30 chevrons (Pl. X, α) de 6$^{m.}$ de long, en fer en I de 0$^{m.}$,180 sur 0$^{m.}$,055 pesant 18 Kilog. par mètre, qui, de même que dans A, sont boulonnés en haut à un fort anneau en fer à cornière qui porte la lanterne, et 6 d'entre eux se prolongent jusqu'au centre, où ils sont maintenus dans un anneau en fonte. En bas, ils sont fixés à une sablière en tôle de 0$^{m.}$,160 sur 0$^{m.}$,020, qui repose sur 12 colonnes en fonte, et celles-ci sont assemblées, à 3$^{m.}$,14 au-dessus du sol, avec une poutre tubulaire (Pl. X, β) composée de 2 fers en I de 0$^{m.}$,160 sur 0$^{m.}$,048 et de 2 lames de 0$^{m.}$,270 sur 0$^{m.}$,020. A cette poutre sont boulonnés les 33 chevrons (Pl. X, γ) en fer en I de 0$^{m.}$,140 sur 0$^{m.}$,047 de la rotonde extérieure; ils ont une longueur de 3$^{m.}$,20, pèsent 12 Kilog. par mètre, et sont fixés en bas à une sablière en tôle de 0$^{m.}$,120 sur 0$^{m.}$,020, qui repose sur les pilastres en fonte et les montants (Pl. IV, D ε) de la façade vitrée.

Dans la façade de la serre, à l'est, est pratiquée une grande porte (Pl. IV, α) de 2$^{m.}$,25 de large sur 3$^{m.}$,50 de haut, qui sert au transport des plantes.

Sur le toit de la rotonde extérieure et le long du vitrage de la partie centrale, on a construit une galerie légère en fer et en bois.

Le long du soubassement, et à une distance de 0$^{m.}$,08, court une tablette de 0$^{m.}$,70 de large, et, de chaque côté des colonnes, on a disposé des gradins en bois de 2$^{m.}$,20 de large.

La serre C, avec son annexe C² (Pl. IV), est construite sur le même modèle que B et B²: une tablette en bois y remplace seulement la bâche chauffée en maçonnerie.

La rotonde E, à l'ouest, répond exactement à D.

Les cloisons vitrées à châssis en bois qui séparent les 5 serres décrites plus haut sont maintenues par une construction en fer formée de barres en I et en T.

Le bord inférieur de tous les grands toits est muni d'un ornement en fonte destiné à empêcher que la neige, avant qu'elle ait été fondue, ne tombe sur les toits situés en contre-bas, dont elle briserait les carreaux.

Des serres B et C deux escaliers (Pl. IV, B ζ et C ζ; Pl. VI, α) descendent dans *le souterrain* (Pl. VI, 4) situé entre le mur de revêtement (Pl. VI, β), sous les grandes serres, et le mur du fond (Pl. VI, γ) des serres basses. Le plafond de ce souterrain, qui a 86m. de long sur 11m.,30 de large, est formé d'une suite de voûtes en briques creuses entre des barres de fer en I, qui sont elles-mêmes soutenues par des poutres également en fer reposant sur des piliers en maçonnerie. Les voûtes sont enduites d'une couche de ciment de Portland recouverte elle-même d'une couche d'asphalte et complètement imperméables à l'eau.

Le souterrain renferme les locaux affectés aux chaudières à vapeur avec leurs foyers (Pl. VI, 1) et au magasin de charbon (Pl. VI, 2), ainsi que des réduits pour loger en hiver des plantes qui ne supportent pas la gelée (Pl. VI, 3) et pour déposer les outils. Il a deux portes de sortie sur le jardin et communique par un passage (Pl. VI, 4) avec les serres basses F et G.

Les murs qui séparent ces serres du souterrain (Pl. VI, γ; Pl. XI, λ) ont une épaisseur de 0m.,50 avec des piliers de 0m.,75. On les a construits creux pour protéger les serres contre le refroidissement.

La serre F, qui a 39m.,50 de long sur 5m. de large, est couverte d'un toit vitré à un versant avec une inclinaison de 33°. Les chevrons, au nombre de 31, et espacés de 1m.,25, sont en bois. La partie supérieure du toit a un vitrage double qui peut s'ouvrir, et la partie inférieure, un vitrage simple et fixe avec des contrevents. La serre est divisée en 4 parties par des cloisons vitrées à châssis en bois (Pl. VI). Une bâche chauffée en maçonnerie de 10m. de long sur 2m. de large occupe le milieu de la 1re division, et les tablettes le long des murs sont partie en ardoise avec des supports en fer, partie en bois; le mur du fond a un revêtement en tuf. Dans la 2e division il y a sur la façade une tablette en bois, et au milieu un rocher artificiel en tuf adossé au mur du fond, qui est lui-même revêtu de tuf. Quant aux deux dernières, les tablettes placées le long des murs et celles de 2m. de large qui en occupent le milieu sont toutes en bois, et le mur du fond a également un revêtement en tuf.

La serre G a les mêmes dimensions que la serre F et le toit en est construit de la même manière. Elle est divisée en 3 parties par des cloisons vitrées à châssis en bois. Dans les 2 premières, les tablettes placées le long des murs et au milieu sont en bois. Dans la 3e il y a une tablette sur la façade et un rocher artificiel en tuf qui est adossé au mur du fond, et celui-ci est revêtu d'un treillis en bois.

Les serres F et G communiquent entre elles par un couloir pratiqué sous le large escalier en granite (Pl. VI, 5) qui conduit du jardin sur la terrasse.

Les serres isolées H et I (Pl. II et XIII) ont intérieurement une longueur de 16m.,30, une largeur de 5m.,70 et une hauteur au centre de 3m.,20. Le toit, qui est à deux versants avec une pente de 33°, est construit en bois avec un vitrage simple et des contrevents. Sur le faîte on a établi un canal en bois un peu exhaussé qui sert à la ventilation (Pl. XIII).

L'entrée, située au nord, donne sur un petit vestibule de 1m. de large, qui est séparé de l'intérieur de la serre par une cloison vitrée à châssis en bois. Des tablettes en bois sont disposées le long de tous les murs extérieurs. Une bâche chauffée en maçonnerie (Pl. XIII) de 12m.,60 de long sur 2m.,30 de large, occupe le milieu de la serre H; dans la serre I elle est remplacée par une tablette en bois.

L'aquarium (Pl. II, K; Pl. XIV) a la forme d'un dodécagone de 10m. de diamètre; il repose sur un soubassement qui s'élève de 0m.,62 au-dessus du sol, et est du reste construit en fer avec un double vitrage à châssis en bois, comme les rotondes centrales des serres D et E. La hauteur en est de 1m.,60 jusqu'à la base du toit et de 4m. jusqu'à son sommet, que couronne une lanterne de 1m.,60 de diamètre sur 1m. de haut. Un vestibule faisant saillie, de 1m.,60 sur 1m.,25, en précède l'entrée. Au milieu de l'aquarium est un bassin circulaire en maçonnerie hydraulique de 5m.,65 de diamètre, dont le bord supérieur s'élève à 0m.,62 au-dessus du sol et dont la profondeur croît graduellement de la circonférence au centre depuis 1 jusqu'à 2 mètres. Une tablette en ardoise sur supports en fer court le long du mur extérieur.

Les serres pour la multiplication des plantes et les recherches scientifiques (Pl. II, L et Pl. XV) ont chacune 7m.,70 de long sur 3m.,85 de large. Elles ont un toit en bois à deux versants avec un vitrage simple fixe et des contrevents. Des bâches chauffées en maçonnerie sont disposées des deux côtés de la serre ouest. La serre à l'est est divisée par une cloison vitrée à châssis en bois en deux parties égales, dont celle au nord renferme une tablette en bois, et elle est du reste munie de trois bâches chauffées en maçonnerie. Le bâtiment transversal avec lequel ces deux serres communiquent par leur extrémité nord, renferme trois chambres (Pl. XV, Fig. 3, I, II et III), dont la première, celle de gauche, sert aux semis, au rempotage des plantes etc., tandis que les deux autres sont consacrées à des travaux de physiologie végétale; elles ont des fenêtres donnant sur différents points de l'horizon.

Tous *les vitrages* des serres ont des châssis en bois à l'exception des croisées des lanternes qui sont en fer. Les vitres sont de verre blanc de Belgique de première qualité, sauf dans une division de la serre F qui loge des Fougères, où elles sont verdâtres. Leur largeur ne dépasse pas en général 0m.,30.

L'encadrement des carreaux est en fer galvanisé, mais les vitrages des toits n'ont que des croisillons longitudinaux, et leurs carreaux à angles arrondis sont joints hermétiquement avec des lames en plomb de la forme ⌶.

Les châssis intérieurs des toits reposent sur des lattes en bois (Pl. XII, Fig. 7 et 8 d), qui sont fixées sous les chevrons en fer en I. Comme, lors de leur mise en place, ils doivent passer entre les ailes supérieures des chevrons, ils ne peuvent atteindre complètement l'âme de ces derniers, et l'intervalle qui en résulte est rempli par des listeaux (Pl. XII, Fig. 7 et 8 e) qu'on y enfonce après les avoir enduits de graisse, et assujettit ensuite avec de petits coins en bois (Pl. XII, Fig. 7 et 8 f), qui sont mainteuus par des chevilles en fer (Pl. XII, Fig. 7 et 8 g) que portent les chevrons (Pl. XII, Fig. 7 et 8 c). Les châssis sont rendus ainsi tout à fait imperméables à l'eau. A leurs points de rencontre, ils reposent sur une traverse commune en fer en ⊥, et le petit vide qu'ils laissent entre eux est recouvert d'une lame en zinc fixée à la base du châssis supérieur (Pl. XII, Fig. 7 et 8 a), et qui s'avance de 0m.,025 au-dessus des carreaux du châssis inférieur (Pl. XII, Fig. 7 et 8 a'). Pour recevoir et faire écouler l'eau de pluie qui peut tomber sur le vitrage intérieur lorsqu'on enlève les châssis extérieurs pour les visiter, on a établi à la base du toit un chéneau intérieur en zinc ou en fer galvanisé (Pl. XII, Fig. 3, a), dont le tuyau de descente aboutit dans la gouttière du chéneau extérieur. Les tuyaux de descente sont cachés dans les colonnes et les piliers en fonte qui communiquent avec les égouts souterrains (Pl. VI).

Le vitrage extérieur (Pl. XII, Fig. 7 et 8 b) repose sur les ailes supérieures des chevrons en I, au milieu desquelles sont juxtaposés les châssis qui, dans toute leur longueur, sont munis d'un rebord haut de 0m.,020, et le vide qu'ils laissent entre eux est recouvert par une bande de la forme ⊓ (Pl. XII, Fig. 7 et 8 h) qui est vissée avec des écrous à ailes en bronze (Pl. XII, Fig. 7 k) sur des boulons (Pl. XII, Fig. 7 i) que portent les chevrons. Les châssis extérieurs, comme les intérieurs, reposent sur des traverses en fer en T qui doivent être placées à une distance telle des châssis intérieurs que l'eau qui tombe sur ces derniers puisse s'écouler librement. Les joints des châssis extérieurs sont recouverts par une lame en zinc comme ceux des châssis intérieurs (Pl. XII).

Il faut apporter un grand soin à l'exécution et à la pose de ces vitrages doubles pour que tous les deux, et surtout le vitrage extérieur, soient autant que possible imperméables à l'air, comme l'avantage essentiel de ce système, de maintenir le vitrage intérieur chaud et, par là, de protéger les plantes contre la chute des gouttes froides provenant de la condensation de l'humidité de l'air, diminue dans la même proportion que l'air froid extérieur pénètre, sous la pression du vent, jusqu'aux vitres intérieures et les refroidit, à quoi vient s'ajouter cet autre inconvénient qu'il entraîne avec lui une grande quantité de poussière qui se dépose sur ces vitres et nuit à l'éclairage des serres. L'économie considérable de combustible que procurent les toits à deux vitrages, lorsqu'ils ferment bien, compense d'ailleurs largement tous les soins qu'ils réclament.

Les vitrages des serres construites en bois ont la forme ordinaire.

Le chauffage à la vapeur a été adopté pour toutes les serres, y compris l'aquarium et les serres éloignées qui servent aux recherches scientifiques.

Ce mode de chauffage a été considéré avec quelque méfiance même par des hommes jouissant à cet égard d'une grande autorité, et on a relevé plusieurs inconvénients que son emploi a fait constater; mais il n'est pas douteux que ces inconvénients doivent être attribués à des vices d'installation ou à une manière de procéder défectueuse. En effet, grâce à l'expérience aujourd'hui acquise, il est devenu évident non-seulement que cette méthode peut être employée dans les serres avec la même sûreté et le même succès que les divers systèmes de chauffage à l'eau chaude en usage auparavant, mais aussi qu'elle présente sous beaucoup de rapports des avantages très importants surtout dans les grandes serres.

Le chauffage à la vapeur a d'abord l'avantage que toute la chaleur dont on a besoin, même pour chauffer des serres éloignées, peut être produite dans un seul foyer, ce qui facilite beaucoup le travail et le contrôle. Il fournit ensuite le moyen le plus sûr et le plus expéditif de régler la température des différentes serres, puisqu'il suffit d'ouvrir ou de fermer un ou plusieurs tuyaux calorifères, pour qu'elle augmente ou diminue aussitôt dans la même proportion. Les tuyaux à vapeur sont aussi moins chers que les tuyaux à eau, comme ils dégagent en plus env. 60 % de chaleur, et cela permet d'en réduire l'étendue d'autant. On obtient en outre un plus grand effet utile du combustible, parce que la surface de chauffe est plus grande et la combustion plus régulière dans les chaudières à vapeur que dans les petites chaudières servant au chauffage à l'eau chaude. Enfin le système à vapeur, avec ses foyers concentrés en un seul point, a le précieux avantage que le jardin n'a pas à souffrir de la fumée de foyers nombreux à cheminées basses, comme les foyers des chaudières, lorsqu'ils sont bien surveillés, brûlent presque toute leur fumée, et que le peu qui en reste est rejeté très haut dans l'atmosphère. On peut encore ajouter que l'emploi de la vapeur rend possible, au moyen d'un système de tuyaux établi sous la base des toits, de chauffer l'espace compris entre les deux vitrages et par là de fondre la neige qui tombe sur le toit extérieur, comme aussi d'empêcher que l'humidité de l'air ne se condense sur le vitrage intérieur et ne dégoutte sur les plantes.

En ce qui concerne *les dimensions de l'appareil de chauffage,* d'après les renseignements communiqués par différents jardins botaniques et par des autorités compétentes, on a dû considérer le traité de M. Charles Hood comme le guide le plus utile, et les règles qu'il a posées ont aussi été généralement suivies. A l'aide de ces règles et des tables correspondantes construites par M. Hood, on a calculé la surface des tuyaux calorifères proportionnellement à celle du vitrage multipliée par la différence entre les températures extérieure et intérieure, en supposant la température minimum de l'atmosphère — — 12° C., et le rapport entre le pouvoir calorifique des tuyaux à vapeur et des tuyaux à eau chaude $= \frac{5}{3}$, et on a ensuite construit le tableau suivant:

Température de l'atmosphère.	Température de la serre.	Différence.	Calories pr. 100 mètres carrés de vitrage.	Mètres carrés de tuyaux à vapeur pr. 1000 calories.	Mètres carrés de tuyaux à vapeur pr. 100 mc. de vitrage.
— 12° C.	20° C.	32° C.	3200	6,9	22
— 12° C.	18° C.	30° C.	3000	6,7	20
— 12° C.	12° C.	24° C.	2400	6,1	14,6
— 12° C.	10° C.	22° C.	2200	5,9	13
— 12° C.	8° C.	20° C.	2000	5,7	11,4

En se basant sur ces données, on a calculé comme il suit la surface des tuyaux calorifères pour les différentes serres:

	Température de la serre.	Différence entre les températures intérieure et extérieure.	Surface du vitrage en mètres carrés.	Calories (Diff. × surface).	Mètres carrés de tuyaux pr. 1000 calories.	Surface totale des tuyaux en mètres carrés.	Surface de tuyaux pr. 100 m.c. de vitrage.	Volume de la serre en mètres cubes.	Surface de tuyaux pr. 1000 mètres cubes.
A. Serre des Palmiers..........	20° C.	32° C.	1000	32000	6,9	220	22 m. c.	6000	36,7 m. c.
B. Serre chaude...............	18° C.	30° C.	300	9000	6,7	60	20	1300	46,2
C. Serre tempérée.............	8° C.	20° C.	300	6000	5,7	34	11,4	1300	26,2
D. Serre froide...............	5° C.	17° C.	310	5270	5,7*)	30	9,7	880	34
E. Serre froide...............	5° C.	17° C.	310	5270	5,7*)	30	9,7	880	34
F. Serre chaude...............	20° C.	32° C.	240	7680	6,9	53	22	530	100
G. Serre tempérée.............	12° C.	24° C.	240	5760	6,1	35	14,6	530	66
H. Serre chaude...............	20° C.	32° C.	140	4480	6,9	31	22	250	124
I. Serre tempérée.............	10° C.	22° C.	140	3080	5,9	18	13	250	72
K. Serre chaude, Aquarium......	20° C.	32° C.	100	3200	6,9	22	22	160	138

Bien que les règles et les tables de M. Hood fussent très appréciées non-seulement en Angleterre, mais aussi en France et en Allemagne, et qu'elles eussent été suivies dans la construction de plusieurs grandes serres à l'étranger, il y avait cependant quelque motif de supposer qu'elles indiquaient pour la surface des tuyaux calorifères un chiffre plus grand qu'il n'était strictement nécessaire dans des serres construites comme les nôtres; mais, comme on ne possédait à cet égard aucune donnée précise, et qu'il importait avant tout de ne pas exposer les plantes à souffrir d'un manque de chaleur, la prudence ordonnait de ne pas trop s'écarter des règles sanctionnées par la pratique. L'expérience a toutefois montré plus tard qu'on aurait pu économiser environ le tiers des tuyaux calculés, surtout dans les serres qui sont munies d'un vitrage double, avec un espace intermédiaire hermétiquement clos. Ce résultat s'accorde aussi avec les calculs plus exacts qu'on peut faire à présent à l'aide des derniers ouvrages qui ont été publiés sur la chaleur, et nous donnons ci-après, comme point de comparaison, celui qui a été fait pour le chauffage de la serre des Palmiers d'après la Technologie de la chaleur, de M. Ferrini.

En désignant par

D la perte de chaleur par heure par les murs et les vitrages,

M la surface des murs en mètres carrés,

m le coefficient de conductibilité des murs,

F la surface des vitrages en mètres carrés,

f le coefficient de conductibilité des vitrages,

T la température de la serre,

T' la température de l'air extérieur,

on a: $D = T\text{-}T' \, (Mm + Ff)$.

---

*) Comme les serres D et E, vu leur situation aux extrémités du groupe auquel elles appartiennent, sont plus exposées au refroidissement que les autres serres, on a, dans le calcul de leurs tuyaux calorifères, employé un nombre proportionnel plus grand que celui qui est donné par le tableau précédent.

Appliquant cette formule à la serre des Palmiers A, pour laquelle M = $180^{m.c.}$; m*) = 0,87; F = $1000^{m.c.}$; f**) = 2; T = 20° C. et T' = — 12° C., il vient:

D = (20 + 12) (180 . 0,87 + 1000 . 2) = 69011 calories.

La ventilation occasionne en outre une perte de chaleur qui a été calculée comme il suit:

La serre en question contient 6000 mètres cubes d'air qui, réduits proportionnellement au poids spécifique et à la capacité calorifique de l'eau, équivalent***), pour une différence de température de 32°, à

6,000 × 0,306 × 32 = 58752 calories.

En supposant que tout l'air de la serre se renouvelle dans une heure et que les vitrages et les portes ferment bien, la perte totale de chaleur par heure est donc de 69011 + 58752 = 127763 calories.

Il y a bien aussi une certaine quantité de chaleur qui est absorbée par l'évaporation de l'eau dont on arrose les plantes; mais cette consommation de chaleur est très minime, comme l'eau d'arrosage est au préalable chauffée à une température au moins égale à celle de l'air de la serre, lequel est en outre saturé d'humidité par la vapeur que lui fournissent des tuyaux disposés à cet effet. Elle est d'ailleurs compensée par l'accroissement de température que l'air introduit du dehors reçoit, avant de pénétrer dans la serre, en passant sur les chaudières à vapeur et le long du canal souterrain qui conduit la fumée. Ces deux facteurs agissant en sens inverse peuvent donc être négligés.

L'appareil de chauffage comprend 220 mètres carrés de tuyaux à vapeur sur lesquels passe le courant ascendant d'air frais qui sort continuellement du bas de la serre, et dont la température est ainsi portée à 20° C.; or, chaque mètre carré condensant par heure $1^{Kil.}$,65 de vapeur, la quantité de chaleur développée par heure dans la serre sera de $1^{Kil.}$,65 × $220^{m.c.}$ × $536^{cal.}$,5 = ... 194750 calories,
et la perte totale de chaleur, comme on l'a vu plus haut, étant de . . . . 127763 calories,
il reste un excédant de . . . . 66987 calories,
qui représente plus du tiers du pouvoir calorifique de l'appareil, résultat que l'expérience aujourd'hui acquise confirme pleinement.

En ce qui concerne *la distribution des tuyaux à vapeur*, comme ils ont dans toute leur étendue une température à peu près constante de 100° C., il a fallu, pour régler le chauffage, diviser les tuyaux de chaque serre en un nombre suffisant de systèmes pouvant, d'un côté, être ouverts ou fermés chacun séparément, et, de l'autre, être combinés de manière que la production de chaleur pût se faire avec la gradation nécessaire. Pour ce motif, on a placé dans les petites serres des tuyaux de divers calibres. Voici du reste comment ils sont distribués dans les différentes serres:

Serres.	Tuyaux calorifères.				Serres.	Tuyaux calorifères.			
	Longueur en mètres.			Nombre des systèmes.		Longueur en mètres.			Nombre des systèmes.
	du diamètre de 0^{m},104.	du diamètre de 0^{m},052.	du diamètre de 0^{m},039.			du diamètre de 0^{m},104.	du diamètre de 0^{m},052.	du diamètre de 0^{m},039.	
A	596,40†)	. . . .	. . . .	20	F†††)	50,20	138,10	113,00	16††††)
B + B²	153,80	. . . .	18,80	9††)	G	34,50	97,30	56,50	9
C + C³	87,90	. . . .	18,80	5	H	50,20	50,20	31,40	8††††)
D	81,60	. . . .	. . . .	6	I	. . . .	69,05	37,66	6
E	81,60	. . . .	. . . .	6	K	47,10	28,25	. . . .	6

Dans la construction de la serre L, on a eu à tenir compte de diverses considérations particulières qui n'ont pas permis de comprendre dans le tableau précédent la distribution de ses tuyaux calorifères.

Dans *la serre de multiplication* (Pl. XV, Fig. 1 et 3, IV), chacune des bâches en maçonnerie, chauffées par des tuyaux calorifères, exige une température de 25—30° C., et celle de la serre doit être maintenue à 20° C.

Dans *la serre destinée aux recherches scientifiques* (Pl. XV, Fig. 1 et 3, V), il faut que les deux divisions dont elle se compose, de même que les bâches qu'elle renferme, puissent à volonté être chauffées séparément ou simultanément à 30° C.

On a utilisé pour ces deux serres des matériaux provenant de l'ancien jardin botanique, tels que des châssis vitrés et un certain nombre de bons tuyaux en fer de dimensions un peu inégales. Ces tuyaux ont été combinés de

*) Pour des murs de 0^{m},60 d'épaisseur.

**) Le coefficient est égal à 3 pour les vitrages simples et à 1,5 pour les vitrages doubles; mais, comme dans l'exemple qui nous occupe on ne peut compter sur une fermeture absolument hermétique, le coefficient ne doit pas être pris au-dessous de 2.

***) voir Ferrini p. 362.

†) 6 séries de tuyaux dans chacune des demi-rotondes extérieures et 4 dans chacune des demi-rotondes intérieures.

††) dont 2 systèmes dans la bâche chauffée.

†††) Le mur creux du fond, dans la serre F, dont le côté intérieur est revêtu de tuf et tapissé de Fougères, est construit de manière à pouvoir être chauffé par un tuyau à vapeur introduit dans sa partie inférieure.

††††) dont 1 système dans la bâche chauffée.

manière que les uns (Pl. XV, Fig. 1 et 3, α) sont chauffés à la vapeur et les autres (β) par l'eau de condensation des tuyaux calorifères.

Les serres IV et V (Pl. XV, Fig. 1 et 3) ont chacune une superficie intérieure de 28m.c.,40 et une capacité de 46m.cub.,50, et sont munies d'un vitrage mesurant 42m.c.,40 dont la plus grande partie est simple; les murs extérieurs et le mur du fond, qui les sépare des chambres au nord, ont respectivement 12m.c.,30 et 6m.c.,90 de surface sur 0m.,47 et 0m.,30 d'épaisseur.

La serre IV renferme 4m.c.,04 de tuyaux à vapeur et 6m.c.,40 de tuyaux à eau chaude correspondant à $6{,}40 \times \frac{3}{5} = 3^{m.c.}{,}84$ tuyaux à vapeur, soit en tout 7m.c.,88 de ces derniers. Ils sont divisés en 2 systèmes.

Dans la serre V, il y a 4m.c.,83 de tuyaux à vapeur et 8m.c.,375 de tuyaux à eau chaude correspondant à 5m.c.,02 de tuyaux à vapeur, soit en tout 9m.c.,85 de ces derniers. Ils sont divisés en 4 systèmes.

Des poêles chauffés à la vapeur sont installés dans les chambres situées derrière les serres.

L'eau de condensation des tuyaux calorifères est refoulée par la pression dans les récipients β (Pl. V), qui retiennent la vapeur et laissent l'eau s'écouler dans le réservoir γ (Pl. V). Les générateurs sont alimentés d'eau distillée au moyen de la pompe d'alimentation (Pl. V, ε) ou d'un appareil à pression de vapeur (Pl. V, δ). Cette alimentation avec de l'eau distillée chaude présente de si grands avantages, qu'on a même ramené aux générateurs l'eau de condensation des serres éloignées F et G, qui sont situées sur un terrain plus bas. Ce n'est que dans les petites serres isolées H, I, K et L que l'eau de condensation est rejetée au dehors, mais après avoir abandonné sa chaleur en circulant dans des tuyaux d'une longueur convenable.

Les générateurs (Pl. V, α; Pl. VIII, π) sont au nombre de 3, avec foyers intérieurs et tuyaux de Galloway, et ont une capacité correspondant à une machine de 40 chevaux. Mais comme, pour alimenter les 534 mètres carrés de tuyaux qui sont distribués dans les serres, et qui, à une température de 20° C. environ, condensent 1Kil.,65 de vapeur par heure et mètre carré, il faut seulement par heure un poids de vapeur = 1,65 × 534 = 881Kil., poids qui correspond à une machine de 30 chevaux, il y a toujours un de ces 3 générateurs qui est tenu en réserve.

La pression de la vapeur dans les générateurs est en général de 3 atmosphères.

Le canal en maçonnerie (Pl. VIII, α) *qui reçoit la fumée* provenant des foyers des générateurs, et dont la section est de 0m.c.,59, passe au milieu d'une galerie voûtée pratiquée sous A et, à l'extrémité nord de cette serre, se continue dans un tuyau en fonte qui débouche dans la cheminée également en fonte, haute de 25m. et de 0m.c.,39 de section (Pl. VI, δ, δ', ε; Pl. VII, α, α', β; Pl. XVI, Fig. 1), qui s'élève au centre d'une cheminée en briques.

L'appareil à fondre la neige est établi dans les chéneaux mentionnés plus haut (cf. Pl. XII, Fig. 3 α) qui sont en communication avec l'espace clos compris entre les deux vitrages. Dans toutes les grandes serres, ces chéneaux sont munis de tuyaux à vapeur destinés à chauffer le vitrage extérieur et, par suite, à fondre successivement la neige qui y tombe. D'après les observations météorologiques de Copenhague, les chutes de neige, à de rares exceptions près, donnent au plus, par 24 heures, 6,55 décimètres cubes d'eau par mètre carré. Les toits des grandes serres ayant une surface de 1340m.c., il peut donc, en 24 heures, y tomber 1340 × 6,55 = c. 8775 décimètres cubes, équivalant à 8775 Kilog. d'eau ou de neige.

Pour fondre cette quantité de neige, il faut

$$8775 \times 79 = 693225 \text{ calories.}$$

Les tuyaux à vapeur de 0m.,052 de diamètre qui sont placés dans ce but dans les chéneaux avec quelques tuyaux de 0m.,020 pour les angles rentrants, ont une surface totale de 68m.c.

Chaque mètre carré condensant à la température de 10° C., 2 Kilog. de vapeur par heure, et 1 Kilog. de vapeur condensée dégageant 536 calories, les 68m.c. de tuyaux donneront par heure 2 × 68 × 536 = 72896 calories.

Pour la fonte de la quantité de neige calculée pour 24 heures, laquelle exige 693225 calories, il faut donc

$$\frac{693225}{72896} = 9{,}5 \text{ heures}$$

et on consomme

$$\frac{693225}{536} = 1294 \text{ Kilog. de vapeur}$$

dont la production demande

$$\frac{1294}{7} = 185 \text{ Kilog. de charbon}$$

qui, à raison de Francs 25,20 les 1000 Kil., coûtent 4fr.,66.

Mais, comme il est rare que la neige soit répandue uniformément sur toute la surface du toit, on emploie ordinairement plus de temps pour en fondre les derniers restes, et par suite on consomme une quantité de vapeur plus grande que celle qui est indiquée par le calcul; mais l'économie qu'on réalise en fondant la neige au lieu de la faire enlever à main d'homme, n'en est pas moins très considérable, sans compter qu'on est ainsi à l'abri des accidents de vitres cassées qui autrement sont presque inévitables.

La ventilation est très imparfaite en hiver dans un grand nombre de serres, parce qu'il est dangereux, dans cette saison, d'y introduire directement de l'air frais en abondance, et c'est en même temps un sujet général de plainte, surtout relativement aux serres d'une grande hauteur, que les plantes, à leur sommet, y sont exposées à une température trop élevée, tandis qu'à leur pied, près du sol, elles souffrent du froid à cause de la tendance de l'air chaud à former un courant ascendant qui reste dans les parties supérieures. Pour éviter, dans les serres ici décrites, l'influence nuisible qu'un renouvellement insuffisant d'air et une atmosphère humide et stationnaire, trop chaude en haut et trop froide en bas, exercent sur les plantes, on a eu soin d'y faire affluer un air frais et tempéré et de forcer en même temps l'air chaud à descendre continuellement vers le sol, où il est aspiré.

L'air extérieur pénètre dans une grande ouverture (Pl. IV, λ; Pl. VIII, β) pratiquée dans le plancher de la terrasse, ou, quand le froid est intense et le vent violent, par la porte (Pl. VI, ζ; Pl. VIII, Fig. 2, γ) du grand passage (Pl. VI, 4) qui est au-dessous. Après avoir déposé sa poussière dans la chambre δ (Pl. VIII, Fig. 1 et 2; cf. Pl. VI, η), il monte dans une chambre chaude (Pl. VI, θ; Pl. VIII, Fig. 1 et 2, ε), située au-dessus des générateurs, et de là se rend dans la galerie souterraine voûtée (Pl. VI, ι; Pl. VII, 3 et 7 γ) au milieu de laquelle passe le canal en maçonnerie (Pl. VI, δ; Pl. VII, 3, 5, 6 et 7 α) où circule la fumée, et qui lui transmet une partie de sa chaleur. De cette galerie, qui a 1$^{m.c.}$,40 de section et se termine sous le milieu de la serre A, partent des embranchements (Pl. VI, κ; Pl. VII, 1 et 8 δ) qui vont dans les serres A, B et C, et de ces embranchements, comme de la galerie elle-même, l'air afflue par de petits orifices (Pl. VII, 7 et 8 ε) dans des fossés (Pl. VI, λ; Pl. VII, 1 et 2 ζ) creusés sous les tuyaux calorifères, et d'où, à travers les interstices des planches qui les recouvrent (Pl. VII, Fig. 1, 2, 7, 8, 10 η), il s'élève uniformément entre les tuyaux, dont il reçoit la chaleur, en même temps qu'il est saturé de l'humidité nécessaire par des jets de vapeur que lance un petit tuyau qui est placé au-dessus des tuyaux calorifères et perforé d'un grand nombre de petits trous.

Les tablettes placées le long de la façade au-dessus des tuyaux calorifères sont, dans toutes les serres, éloignées de 0$^{m.}$,08 du vitrage intérieur, pour que l'air ascendant puisse le chauffer et protéger les plantes les plus voisines contre un trop grand refroidissement. Le renouvellement de l'air est réglé en partie par les orifices d'entrée (Pl. VII, 7, 8 ε) qui communiquent avec les conduits principaux, en partie et surtout par une aspiration qui entraîne au dehors l'air intérieur en provoquant un courant correspondant en sens inverse; or, pour opérer une égale distribution de la chaleur dans le haut et le bas des serres et maintenir en même temps l'air dans une circulation continuelle, il faut que l'air chaud, après son ascension, soit de nouveau ramené en bas. Il l'est au moyen de 26 puits d'aspiration, de 0$^{m.c.}$,10 de section (Pl. VI et Pl. XI, μ), qui sont ouverts dans le sol des serres A, B et C et distribués de manière à ne produire à sa surface aucun fort courant d'air.

L'aspiration est réglée par des valves qui peuvent réduire ou fermer entièrement l'ouverture des puits. Ceux-ci sont en communication avec des canaux souterrains (Pl. VII, Fig. 1, 7, 8, 9 θ) en partie situés sous ceux qui amènent l'air frais (Pl. VII, Fig. 1, 8).

Les canaux d'aspiration se réunissent, au milieu de la serre A (près de ν, Pl. VI), dans la galerie voûtée (Pl. VII, Fig. , 4, 5, 6 ι) qui recouvre le canal à fumée et son prolongement et débouche au pied de la grande cheminée d'aspiration, dont la hauteur est de 25$^{m.}$,50 et la section de 1$^{m.c.}$,40 (Pl. VII, Fig. 3 λ et Pl. XVI). Cette cheminée est formée de 2 anneaux concentriques en maçonnerie entourant la cheminée proprement dite en fonte qui s'élève au centre, et qui communique à l'air aspiré une température telle qu'il monte ordinairement avec une vitesse de plus de 3$^{m.}$ par seconde. Or, on a seulement besoin d'une vitesse de 1$^{m.}$,70 pour que tout l'air des serres A, B et C — 8420 mètres cubes environ — puisse être aspiré au bout d'une heure, et qu'il y règne la même température près du sol et sous le toit, à 10 mètres de hauteur; bien plus, lorsque l'aspiration fonctionne avec toute son énergie, on peut obtenir une température plus élevée en bas qu'en haut. Rien n'empêche donc d'étendre l'action de la cheminée d'aspiration aux deux rotondes extrêmes D et E, au cas qu'on vienne à y cultiver des plantes qui exigent en hiver une forte ventilation.

De la serre inférieure F, qui renferme des plantes tropicales, part un canal souterrain (Pl. VIII, Fig. 2 ξ et Pl. XI, ξ) qui aboutit aux foyers des générateurs, et dont le tirage est assez fort pour aspirer l'air du fossé pratiqué sous le sol de la serre et ventiler ainsi cette dernière.

Quand la saison le permet, on renouvelle aussi l'air des serres A, B, C, D et E en ouvrant leurs vitrages verticaux et par des valves communiquant avec les fossés situés sous les tuyaux calorifères.

Pour que l'air extérieur, en été, puisse sans chauffage préalable être amené dans toutes les parties de la serre des Palmiers, on a en outre construit un couloir (Pl. VI, ο; Pl. VII, Fig. 9, 10 κ) qui met le passage sous la terrasse en communication directe avec la galerie voûtée qui passe sous le milieu de A, et alimente cette serre et les serres contiguës d'air frais.

Comme le vitrage des toits des grandes serres n'est pas ouvert en été, l'air deviendrait trop chaud dans leur partie supérieure, lorsque le soleil y darde ses rayons, si l'on n'y remédiait par une ventilation énergique. Cette ventilation, dans les serres A, D, E et K, est produite par les lanternes, dont les fenêtres verticales, mobiles autour d'axes horizontaux, peuvent s'ouvrir et se fermer à l'aide d'un mécanisme analogue à celui d'un parapluie et commandé par une vis sans fin qui, de la galerie, dans la serre A (cf. Pl. XVII), et du sol, dans les trois autres, est mise en mouvement par un système d'engrenages. Quant aux serres B et C, elles portent chacune sur le faîtage un canal de ventilation dont le couvercle peut être soulevé au moyen de contre-poids qu'on fait mouvoir du sol.

Conjointement avec cette ventilation dans la partie supérieure des grandes serres, il faut, même en été, faire fonctionner les puits d'aspiration pour que la chaleur y soit uniformément répartie en haut et en bas. En ce qui concerne les serres basses F et G, on les ventile en partie par le haut en soulevant le vitrage supérieur, en partie par de petits canaux ménagés dans le mur creux du fond et débouchant sous les arches du parapet de la terrasse (Pl. III; cf. Pl. XI, o), où un mécanisme les ouvre et les ferme. L'air extérieur arrive par une série d'orifices (Pl. XI, π) pratiqués dans le soubassement de la façade, et communiquant avec les fossés sous les tuyaux calorifères.

Le renouvellement de l'air se fait d'une manière analogue dans les serres H et I, et en partie aussi dans la serre L; mais, dans cette dernière, l'air qui afflue par les orifices percés dans les murs latéraux peut, suivant leur rang, être dirigé directement dans l'allée qui occupe le milieu de la serre ou sous les bâches chauffées en maçonnerie.

Pour fournir aux serres l'eau tiède destinée à l'arrosage des plantes, on a établi près des générateurs un cylindre en tôle (Pl. V, ζ) de 3m.,20 de haut sur 0m.,40 de diamètre, alimenté par l'eau de la ville, qui y pénètre à la partie inférieure sous une pression de 28m., et en sort par le haut, où un thermomètre en contrôle la température. Il est muni intérieurement de 4 tuyaux à vapeur verticaux de 0m.,052 de diamètre et de 2m.c. de surface, qui, pour chaque degré de différence entre la température de la vapeur et celle de l'eau, condensent 1,8 Kilog. de vapeur par mètre carré et par heure. L'eau, à son entrée dans le cylindre, a 10° C. et elle y est en général chauffée jusqu'à 25 ou 30°, de sorte qu'elle reçoit une augmentation de température de 15 à 20°. Si l'eau est chauffée à 25° la température moyenne du cylindre est $\frac{25+10}{2} = 17{,}5$, et si tous les 4 tuyaux sont employés il se dégage donc:

$$2^{\text{mtr. car.}} \times (100^\circ - 17^\circ{,}5) \times 1^{\text{kilogr.}}{,}8 \times 536 \text{ calories} = 159192 \text{ calories},$$

et la quantité d'eau qui par heure est portée de 10° à 25° $= \frac{159192}{25-10} = 10613$ Kilogr. = 106,13 hectolitres. Si l'eau est chauffée à 30° cette quantité est réduite à 77,18 hectolitres par heure.

Le tuyau qui reçoit l'eau à sa sortie du cylindre suit le canal en maçonnerie qui s'étend sous la serre A et par lequel s'écoule la fumée, et aboutit à une grotte (Pl. IV, ς et Pl. V) où il est relié soit à des boyaux pour l'arrosage des plantes des serres, soit à un jet d'eau en forme de gerbe avec une quantité de petits filets qui retombent dans le bassin de la grotte, dont l'eau dépouillée de son acide carbonique laisse déposer la plus grande partie de ses sels calcaires.

Ce bassin communique par des tuyaux souterrains avec 8 réservoirs en ardoise (Pl. IV, ο) placés au même niveau, dont on se sert pour arroser avec des arrosoirs ou des pompes à main, et avec 2 autres réservoirs plus grands en tôle galvanisée (Pl. IV, ι et κ) pour l'usage des serres F, G, H et I.

Le réservoir κ Pl. IV renferme un serpentin à vapeur qui permet d'en porter l'eau à une température plus élevée pour le service des bâches chauffées.

Du cylindre part un autre tuyau qui, par un canal souterrain en maçonnerie (Pl. V, μ) où il longe le tuyau à vapeur, se rend dans les différents étages du bassin de l'aquarium, dont l'eau est ainsi sans cesse renouvelée et maintenue en mouvement. L'eau en excès s'écoule par un tuyau de décharge dont l'orifice peut être élevé ou abaissé suivant le niveau qu'on veut avoir.

Pour maintenir le bassin à la température voulue, on y a placé à différentes profondeurs 3 séries de tuyaux en cuivre étamé (Pl. XIV, Fig. 2, 3) qui reçoivent l'eau chaude de condensation provenant des tuyaux à vapeur de la serre. On pourrait aussi les chauffer avec l'eau du cylindre en en modifiant un peu l'installation.

Les *pièces* situées derrière les serres A, B et C (Pl. V et Pl. VI, 6) servent d'ateliers et de lieu de réunion pour les ouvriers du jardin, et de magasins pour les outils, les pots etc.; on y trouve également un local pour le rempotage des plantes.

Les bâches et les couches chaudes en maçonnerie et en bois qui servent en été à la culture des plantes en pots, occupent dans le jardin une étendue de 1180m.c. (Pl. II, U) entre les serres K et L, et les vitrages dont on dispose dans ce but ont une surface de 300m.c. environ.

DANS LA DISTRIBUTION DES PLANTES du jardin botanique, il a fallu tenir compte de considérations diverses, et on n'a pu y procéder pour tous les groupes de végétaux en se plaçant au même point de vue.

Les plantes exotiques, qui doivent être tenues renfermées toute l'année ou, en tout cas, pendant les mois froids, sont réparties dans les serres suivant leurs exigences climatériques; mais un groupement basé en même temps sur leurs autres caractères communs n'a pu être complètement réalisé que pour quelques familles, bien que, pour plusieurs autres, on ait également réussi à s'en rapprocher plus ou moins. Les plantes de serre sont non-seulement placées dans les conditions qui leur conviennent, mais elles sont aussi, pour la plupart, groupées d'une manière commode et attrayante pour les étudiants et les autres visiteurs, et tel est surtout le cas dans la serre A, qui renferme les Palmiers, les Cycadées, dont le jardin possède une très riche collection, les Scitaminées, les Aroïdées, les Musacées, les Broméliacées, les Graminées et beaucoup d'autres plantes monocotylédones des tropiques, qui, en hiver, y sont cultivées à une température moyenne de 20° C. Elles sont presque toutes dans des caisses ou des pots, et la plupart sont groupées soit au niveau du sol soit sur des supports, tandis que quelques-unes, surtout les petites, sont distribuées sur les tablettes qui courent le long du mur extérieur de la serre, et que d'autres sont plantées dans des plates-bandes ou dans le revêtement en tuf du mur du fond.

Les plantes dicotylédones arborescentes des tropiques sont principalement rassemblées dans la serre B B², où la température moyenne, en hiver, est de 18° C., et dont elles occupent la section est ou la section ouest, la plus grande, suivant qu'elles ont besoin de plus ou moins d'humidité. On cultive également dans la serre H, à une température moyenne de 20° C., des plantes mono- et dicotylédones des zones chaudes, mais seulement en petits exemplaires, qui, à mesure qu'ils grandissent, sont transportés dans des serres plus vastes.

On a réuni une collection de plantes tropicales employées en médecine et dans l'industrie dans la bâche chauffée et sur les tablettes de la serre F, section 1, tandis que la section 2 renferme les Fougères, qui exigent une température de 20° C., et dont la plupart sont plantées dans le rocher artificiel qui occupe tout le milieu de la serre, ou fixées avec des Lycopodes dans le revêtement en tuf du mur du fond. On a en outre employé un grand nombre de Fougères pour l'ornement de la serre des Palmiers, et les espèces des zones tempérées sont représentées dans la serre C par de beaux exemplaires arborescents et dans la serre G 1 par d'autres plus petits.

Les Orchidées des tropiques se trouvent dans la serre F 3 et 4, dont la température moyenne est respectivement de 25° et de 15°, et où, suivant les particularités qu'elles présentent, on les cultive soit dans des pots, soit dans des corbeilles suspendues, soit encore en les fixant à des troncs d'arbre, au revêtement en tuf, etc.

Les plantes aquatiques et palustres des pays chauds sont représentées dans l'aquarium, K, dont le bassin en renferme plusieurs qui s'y développent dans les meilleures conditions.

La flore arborescente du Cap, de la Nouvelle-Hollande et des pays à climat analogue est réunie dans les serres C, G 1 et I, dont la température moyenne est de 10°.

Les plantes bulbeuses du Cap, les Agaves et *les Aloës* sont, avec d'autres plantes monocotylédones voisines, rangés dans la serre G 2, tandis que la serre G 3 contient *des plantes succulentes dicotylédones,* notamment de la famille des Cactées et des genres Euphorbia et Stapelia, qui, pour la plupart, sont plantées dans un rocher artificiel, au milieu de la serre.

Les plantes des pays méditerranéens, du Japon, de l'Amérique du Nord et d'autres contrées à climat analogue sont placées en hiver dans les serres D et E, tandis qu'une collection composée en partie de plantes arborescentes à feuilles caduques, en partie de plantes herbacées vivaces sur la résistance desquelles on ne peut compter et qui, pour ce motif, sont cultivées dans des pots, est transportée dans le souterrain (Pl. V, 3).

Pour recevoir en été, à l'air libre, les plantes des zones tempérées qui passent l'hiver dans les serres C, D, E, G 1 et I et dans le souterrain, on a disposé plusieurs emplacements (Pl. II, S), dont ceux à côté des serres H et I sont enfoncés de 1m.,25 au-dessous de la surface du sol et entourés d'un treillage en fer revêtu de plantes grimpantes, afin de modérer à un degré convenable l'action du soleil et du vent sur les plantes.

Parmi les végétaux qui sont cultivés exclusivement à l'air libre, *les espaliers* forment une catégorie pour laquelle le choix de la place est assez restreint, soit parce qu'ils sont plus sensibles aux variations de notre climat, soit à cause de leur mode particulier de croissance. On a élevé pour leur usage, dans la partie nord du jardin (Pl. II, T), deux murs isolés de 157m. de long environ sur 3m.,14 de haut, dont la construction est indiquée Pl. XII, Fig. 2. Ces murs pouvant des deux côtés être utilisés pour les espaliers, on dispose ainsi d'une surface de culture de $985^{m.c.}$, et les divers bâtiments, les cloisons de planches des cours et les maisons d'habitation donnent encore pour le même usage une surface de $60^{m.c.}$ au moins.

Sur plusieurs points du jardin, par exemple dans l'angle ouest, près de l'entrée principale, à droite, et, comme il a été dit plus haut, autour de quelques-uns des emplacements destinés à recevoir en été les plantes des serres (Pl. II, S), on a établi des treillages pour servir d'appui à des plantes grimpantes.

Autour du quartier des plantes indigènes (Pl. II, Q), s'étendent trois murs bas en granite, de $45^{m.}$ de long, revêtus des tiges retombantes de plantes qui croissent dans des plates-bandes au-dessus (Rubus).

Les plantes palustres ont un emplacement spécial, d'une superficie de $500^{m.c.}$ environ (Pl. II, M), qui, après avoir été creusé, a été rempli de terre tourbeuse, et dont la situation dans un bas-fond permet de le maintenir humide par un courant permanent d'eau fraîche. On y cultive en même temps des plantes de source.

Les plantes aquatiques proprement dites sont cultivées dans le grand bassin R (Pl. II), où quelques-unes croissent librement, tandis que d'autres — tant celles dont il faut prévenir la propagation illimitée que celles qui exigent des soins spéciaux — sont logées dans des espaces quadrangulaires, ayant une superficie de $2^{m.c.},50$, qui sont construits sur le bord du bassin, dans sa partie nord, et traversés par un courant d'eau.

Les plantes alpines et beaucoup d'autres plantes herbacées qui, ainsi que l'expérience l'a confirmé, prospèrent le mieux dans les mêmes conditions de culture que les premières, croissent sur plusieurs monticules de pierres, dont les principaux s'élèvent sur deux collines, restes d'un ancien ouvrage extérieur, à l'ouest de la grande plaine qui s'étend devant les serres, et, en y joignant quelques pentes plus petites à l'est des serres et dans le voisinage des plantes palustres, couvrent une surface de $950^{m.c.}$ En établissant ces parties, on s'est naturellement préoccupé avant tout de procurer aux plantes dont il s'agit des emplacements convenables, et ensuite de leur donner un caractère qui fût en harmonie avec les plantations environnantes et le reste du jardin. Aussi n'a-t-on pas essayé de recourir aux rochers artificiels ou autres imitations analogues, qui peuvent être particulières à d'autres pays et convenir ailleurs, mais avec lesquelles on n'obtient jamais que des reproductions en miniature plus ou moins insatisfaisantes.

Parmi les autres plantes appartenant au jardin qui n'exigent pas, comme les précédentes, des conditions spéciales pour leur emplacement, *les arbres et les arbrisseaux de plein vent* figurent au premier rang et prennent le plus de place, car en y joignant les $2500^{m.c.}$ utilisés pour les abris, ils occupent une surface de $38000^{m.c.}$, soit plus du tiers de la superficie totale du jardin. On ne s'est pas proposé de réunir dans ces plantations tous les arbres qui peuvent prospérer sous le ciel du Danemark, comme le jardin n'y eût pas suffi et que l'existence, dans le voisinage immédiat de la capitale, d'autres jardins publics spécialement consacrés à ce genre de collections rendait d'ailleurs ce soin inutile; cependant elles comprennent près de 1200 espèces robustes et bien choisies d'arbres et d'arbrisseaux. En procédant à leur distribution, il a fallu tout d'abord séparer les diverses familles en les plaçant dans des conditions favorables au développement de chaque exemplaire, et puis les disposer les unes par rapport aux autres de manière à ne pas nuire à l'ordonnance générale du jardin, ce qui a été grandement facilité par la circonstance qu'il n'était pas nécessaire de suivre un ordre déterminé dans l'arrangement des familles elles-mêmes.

La Pl. II montre comment le problème a été résolu; les chiffres romains I—LXX y indiquent les emplacements occupés par les familles mentionnées plus haut, et dont voici la liste:

I. Coniferae.
II. Cupressineae.
III. Taxineae.
IV. Gnetaceae.
V. Myricaceae.
VI. Betulaceae.
VII. Corylaceae.
VIII. Cupuliferae.
IX. Salicineae.
X. Platanaceae.
XI. Moreae.
XII. Ulmaceae.
XIII. Celtideae.
XIV. Polygoneae.
XV. Laurineae.
XVI. Daphnoideae.
XVII. Elaeagnaceae.
XVIII. Santalaceae.
XIX. Aristolochieae.
XX. Synanthereae.
XXI. Rubiaceae.
XXII. Caprifoliaceae.
XXIII. Jasmineae.
XXIV. Oleaceae.
XXV. Asclepiadeae.
XXVI. Solanaceae.
XXVII. Scrophularineae.
XXVIII. Bignoniaceae.
XXIX. Ebenaceae.
XXX. Styraceae.
XXXI. Vacciniaceae.
XXXII. Ericaceae.
XXXIII. Araliaceae.
XXXIV. Corneae.
XXXV. Hamamelideae.
XXXVI. Balsamifluae.
XXXVII. Ribesiaceae.
XXXVIII. Saxifrageae.
XXXIX. Crassulaceae.
XL. Ampelideae.
XLI. Menispermaceae.
XLII. Lardizabaleae.
XLIII. Magnoliaceae.
XLIV. Ranunculaceae.
XLV. Berberideae.
XLVI. Cistineae.
XLVII. Malvaceae.
XLVIII. Tiliaceae.
XLIX. Ternstroemiaceae.
L. Hypericineae.
LI. Tamariscineae.
LII. Acerineae.
LIII. Coriarieae.
LIV. Hippocastaneae.
LV. Sapindaceae.
LVI. Staphyleaceae.
LVII. Celastrineae.
LVIII. Rhamneae.
LIX. Ilicineae.
LX. Buxaceae.
LXI. Juglandaceae.
LXII. Anacardiaceae.
LXIII. Xanthoxyleae.
LXIV. Philadelpheae.
LXV. Calycantheae.
LXVI. Pomaceae.
LXVII, a. Rosaceae.
LXVII, b. Rosa et ses variétés cultivées.
LXVIII. Drupaceae.
LXIX. Papilionaceae.
LXX. Caesalpinieae.

Les plantations qui forment les abris indispensables au jardin se confondent en plusieurs endroits avec les précédentes, mais ailleurs on a planté un grand nombre d'arbres de haute tige à croissance rapide dont la seule destination est de fournir un abri contre le vent, ou, comme par exemple derrière les grandes serres, de former un fond de verdure agréable à l'œil. La partie ouest, au coin de Gothersgade et de Østerfarimagsgade, est exclusivement plantée d'essences forestières de l'Amérique du Nord, qui se rattachent aux groupes d'arbres de la même provenance compris dans l'arrangement systématique mentionné plus haut, de manière à rappeler la physionomie d'un bois de cette contrée. Les autres arbres et arbrisseaux appartenant aux familles nommées ci-dessus sont distribués de façon qu'un exemplaire au moins de chaque espèce a une place suffisante pour se développer librement sans être gêné par son entourage, même s'il atteint avec le temps les dimensions les plus grandes que comporte notre climat. Il va sans dire que provisoirement on a planté beaucoup d'arbres en excès, ce qui a eu pour résultat qu'ils se protègent et se soutiennent déjà mutuellement, et que chaque groupe de plantes présente relativement de bonne heure le cachet qu'on a voulu lui donner. Seulement il faudra avoir soin que les plantations soient éclaircies en temps opportun et dans la mesure convenable.

Comme exemple des résultats intéressants qu'on peut obtenir en faisant passer artificiellement un grand nombre de plantes de leur forme primitive à une forme spéciale, on a planté sur la pelouse devant les serres, à côté de plusieurs espèces naturelles du genre Rosier, une série de leurs variétés obtenues par croisement ou par d'autres procédés de culture (Pl. II, LXVII, b). Les plantes d'ornement qui sont des produits de l'art n'occupent d'ailleurs qu'une petite place dans le jardin botanique.

Les plantes herbacées vivaces, dont on compte 2350 espèces environ, sont réparties sur presque toute la surface du jardin dans de petites plates-bandes mesurant en tout 1600$^{m.c.}$, et sont groupées de manière que chacune des 69 familles qu'elles représentent est réunie et placée dans les conditions les plus favorables à son développement normal. On a en même temps pris soin que les plantes qui se distinguent par la forme de leurs feuilles, la beauté de leurs fleurs etc. croissent dans les endroits où elles cadrent le mieux avec le caractère du jardin.

La Pl. II, 1—69, indique la distribution de ces plantes, dont nous donnons également ici la liste:

1. Gramineae.
2. Cyperaceae.
3. Commelynaceae.
4. Juncaceae,
5. Melanthaceae.
6. Liliaceae.
7. Smilaceae.
8. Dioscoreae.
9. Irideae.
10. Haemodoraceae.
11. Hypoxideae.
12. Amaryllideae.
13. Cannaceae.
14. Aroideae.
15. Urticaceae.
16. Salsolaceae.
17. Polygoneae.
18. Nyctagineae.
19. Aristolochieae.
20. Plantagineae.
21. Plumbagineae.
22. Valerianeae.
23. Dipsaceae.
24 a. Synanthereae, Corymbiferae.
24 b. Synanthereae, Cynareae.
24 c. Synanthereae. Labiatiflorae.
24 d. Synanthereae, Cichoraceae.
25. Lobeliaceae.
26. Campanulaceae.
27. Rubiaceae.
28. Caprifoliaceae.
29. Apocynaceae.
30. Asclepiadeae.
31. Gentianeae.
32. Labiatae.
33. Verbenaceae.
34. Asperifoliae.
35. Convolvulaceae.
36. Polemoniaceae.
37. Hydrophylleae.
38. Hydroleaceae.
39. Solanaceae.
40. Scrophularineae.
41. Acanthaceae.
42. Primulaceae.
43. Umbelliferae.
44. Araliaceae.
45. Saxifragaceae.
46. Ranunculaceae.
47. Berberideae.
48. Papaveraceae.
49. Cruciferae.
50. Resedaceae.
51. Datisceae.
52. Violarieae.
53. Cucurbitaceae.
54. Caryophylleae.
55. Phytolaccaceae.
56. Malvaceae.
57. Hypericineae.
58. Euphorbiaceae.
59. Diosmeae.
60. Rutaceae.
61. Zygophylleae.
62. Geraniaceae.
63. Lineae.
64. Oxalideae.
65. Oenothereae.
66. Gunneraceae.
67. Lythrarieae.
68. Rosaceae.
69. Papilionaceae.

Un double d'une collection de belles plantes vivaces fleurissant au printemps couvre une pente à l'est des serres (Pl. II, 70).

Les plantes annuelles et bisannuelles sont rangées en ordre systématique dans les quartiers marqués O et P sur la Pl. II, lesquels ont une superficie de 2120$^{m.c.}$ et sont installés pour recevoir 900 plantes annuelles et 700 plantes bisannuelles.

Les plantes médicinales et employées dans l'industrie, et, parmi elles, quelques-uns des principaux arbres et arbrisseaux qui se rattachent à cette catégorie et surtout des plantes herbacées annuelles et bisannuelles, se trouvent, au nombre de 500 espèces, dans une partie du jardin, mesurant 2170$^{m.c.}$, qui est située près de l'emplacement du musée (Pl. II, IV).

Les plantes herbacées indigènes sont réunies dans une dépression de terrain qui mesure 2800$^{m.c.}$ et est contiguë au quartier des plantes palustres; elle peut recevoir 900 espèces de plantes.

Les pelouses et les ceintures de gazon qui entourent les groupes d'arbres couvrent en tout une surface de 15500$^{m.c.}$, qui doit être regardée comme nécessaire pour assurer le développement normal des plantes, et répondre à la destination générale du jardin.

Un *jardin d'essais* (Pl. II, Z) est établi entre les murs d'espalier (Pl. II, T) construits derrière la serre L. L'Université dispose en outre d'un terrain de 7885$^{m.c.}$ situé au nord-est du jardin, mais communiquant directement avec lui, qui est bien propre à être employé à un usage analogue, et à satisfaire aux exigences nouvelles que pourra créer le développement de la botanique, au cas que, pour les remplir, on ait besoin d'un emplacement spécial.

Comme *magasin de terre végétale* on se sert d'un espace entouré d'une haie, derrière la grande cheminée.

Les maisons d'habitation (Pl. II, Y', Y²) renferment les logements des jardiniers, ainsi que les bureaux, les pièces pour nettoyer et conserver les graines etc. Le chiffre X, Pl. II, désigne l'emplacement du musée botanique projeté, et le chiffre V, la maison du concierge, à l'entrée principale du jardin.

EXPLICATION DES PLANCHES.

Pl. I. Plan du terrain.

Les chiffres et les courbes à l'encre bleue indiquent en pieds les hauteurs du terrain au-dessus du niveau de la mer avant le commencement des travaux, en 1871.

Les chiffres et les courbes à l'encre rouge indiquent les hauteurs actuelles.

Pl. II. Plan du jardin après l'achèvement des travaux, en 1874.

A - L. Serres.
M. Quartier des plantes palustres.
N. Quartier des plantes médicinales, etc.
O. Quartier des plantes annuelles.
P. Quartier des plantes bisannuelles.
Q. Quartier des plantes indigènes.
R. Grand bassin.
S. Emplacement destiné à recevoir en été des plantes en pots.
T. Murs des espaliers.
U. Bâches et couches chaudes.
V. Logement du concierge.
X. Emplacement destiné au Musée.
Y^1. Logement de l'inspecteur du jardin.
Y^2. Logement du jardinier sous-chef et des aides.
Z. Jardin d'essais.
Æ. Observatoire astronomique.
I - LXX. Groupes d'arbres et d'arbrisseaux (cf. p. 16).
1 - 69. Plates-bandes pour les plantes herbacées vivaces (cf. p. 17).

Pl. III. Perspective des serres A—I avec leurs alentours.

Pl. IV. Plan des serres A, B, C, D, E, F et G et parties des serres H et I vues d'en haut.

a-b. Ligne de coupe cf. Pl. IX.
c-d-e-f. Ligne de coupe cf. Pl. XI.
g-h. Ligne de coupe cf. Pl. X.
7. Cheminée (cf. Pl. XVI).
α. Montants principaux de la façade vitrée de la serre A.
β. Tablettes pour mettre les plantes.
γ. Escaliers en hélice conduisant à la galerie de la serre A.
δ. Bâche chauffée en maçonnerie de l'annexe B^2 (cf. Pl. XI, κ).
ε. Montants principaux des façades vitrées des serres D et E.
ζ. Escaliers conduisant de B^2 et de C^2 dans le souterrain.
η. Bassin en maçonnerie avec un jet d'eau.
θ. Réservoirs d'eau en ardoise.
ι. Réservoir d'eau en tôle galvanisée.
κ. Réservoir semblable avec un serpentin à vapeur.
λ. Ouverture d'entrée de l'air frais dans la chambre chaude (cf. Pl. VIII, β).
μ. Orifices des puits d'aspiration (cf. Pl. VI, μ).
ν. Entrée principale avec vestibule (Serre A).
ξ. Porte servant aux transport des plantes (Serre A).
ο. Portes servant au transport des plantes (Serres D et E).

Pl. V. Plan des serres A, B, C, D, E, F, G et parties des serres H, I, avec les tuyaux calorifères et les conduites d'eau.

1. Chambre des générateurs.
2. Magasin à charbon.
3. Locaux qui reçoivent en hiver plusieurs séries de plantes, et qui servent de dépôt pour les outils.
4. Passage souterrain qui fait communiquer entre elles les grandes et les petites serres.
5. Passage servant de communication entre les serres F et G.
6. Pièces situées derrière les serres A, B et C.

α. Générateurs.
β. Récipients pour l'eau de condensation des tuyaux à vapeur.
γ. Réservoir pour l'eau de condensation.
δ. Réservoir à pression de vapeur pour l'alimentation des générateurs.
ε. Pompe à vapeur.
ζ. Cylindre servant à chauffer l'eau d'arrosage.
η. Tuyaux qui amènent la vapeur dans les tuyaux calorifères.
θ. Tuyaux calorifères (gros).
ι. Tuyaux calorifères (petits).
κ. Tuyaux qui ramènent la vapeur et l'eau condensée aux générateurs.
λ. Conduites d'eau.
μ. Canal en maçonnerie où passent les tuyaux à vapeur et à eau des serres K et L.

Pl. VI. Plan des serres A, B, C, D, E, F, G et parties des serres H, I, avec les tuyaux d'égout et les conduites d'air.

a-b à t-u. Lignes de coupe pour les Fig. 1—10, Pl. VII.

v-x et y-z. Lignes de coupe pour les Fig. 1 et 2, Pl. VIII.

æ-ø. Ligne de coupe pour la Fig. 1, Pl. XVI.

1. Chambre des générateurs.
2. Magasin à charbon.
3. Locaux qui reçoivent en hiver plusieurs séries de plantes, et servent de dépôt pour les outils.
4. Passage souterrain qui fait communiquer entre elles les grandes et les petites serres.
5. Passage servant de communication entre les serres F et G.
6. Pièces situées derrière les serres A, B, C.

α. Escaliers conduisant de B² et de C² dans le souterrain.

β. Mur de revêtement qui sépare les grandes serres du souterrain.

γ. Mur du fond des serres F et G (cf. Pl. XI, λ).

δ. Canal en maçonnerie où circule la fumée (cf. Pl. VII, Fig. 3, 5, 6, 7, α et Pl. VIII, α).

δ'. Tuyau horizontal en fonte qui continue le canal précédent (cf. Pl. VII, Fig. 3 et 4, α').

ε. Partie verticale du même tuyau dans la cheminée de ventilation (cf. Pl. VII, Fig. 3, β, et Pl. XVI).

ζ. Porte de la chambre chaude (cf. Pl. VIII, γ).

η. Vestibule de la chambre chaude (cf. Pl. VIII, δ).

θ. Chambre chaude (cf. Pl. VIII, ε).

ι. Conduit principal par lequel passe l'air frais venant de la chambre chaude (cf. Pl. VII, Fig. 3 et 7, γ).

κ. Conduits latéraux qui s'embranchent sur le précédent (cf. Pl. VII, Fig. 1 et 8, δ).

λ. Fossés pratiqués sous les tuyaux calorifères et d'où l'air frais arrive dans les serres (cf. Pl. VII, Fig. 1 et 2, ζ).

μ. Puits d'aspiration (cf. Pl. XI, μ).

ν. Lieu où les canaux d'aspiration aboutissent dans la galerie voûtée qui débouche dans la cheminée de ventilation (cf. Pl. VII, Fig. 3).

ξ. Canal d'aspiration de la serre F (cf. Pl. VIII et Pl. XI, ξ).

ο. Conduit qui amène dans la serre A de l'air frais non chauffé (cf. Pl. VII, Fig. 9 et 10, κ).

Pl. VII. Canaux souterrains pour l'air et la fumée etc.

Fig. 1. Coupe de la serre A suivant la ligne a-b, Pl. VI.

δ. Conduit latéral qui amène l'air frais chauffé (cf. Pl. VI, κ).

ζ. Fossés où débouchent les conduits qui amènent l'air frais chauffé (cf. Pl. VI, λ).

η. Planches qui recouvrent les fossés et par les interstices desquelles l'air monte dans la serre.

θ. Canal d'aspiration.

Fig. 2. Coupe de la serre A suivant la ligne c-d, Pl. VI.

α. Tablette pour mettre les plantes (cf. Pl. IV, β).

ζ. Fossés où arrive l'air frais (cf. Pl. VI, λ).

η. Planches qui recouvrent les fossés et par les interstices desquelles l'air monte dans la serre.

Fig. 3. Coupe de la serre A suivant la ligne e-f, Pl. VI.

α. Canal en maçonnerie par lequel s'écoule la fumée (cf. Pl. VI, δ).

α'. Tuyau horizontal en fonte qui continue le canal précédent (cf. Pl. VI, δ').

β. Partie verticale du même tuyau dans la cheminée de ventilation (cf. Pl. VI, ε, et Pl. XVI).

γ. Conduit principal qui reçoit l'air frais venant de la chambre chaude (cf. Pl. VI, ι).

θ. Canal d'aspiration.

ι. Galerie voûtée où les canaux souterrains ont débouché près du point ν, Pl. VI, sous le milieu de la serre A.

κ. Conduit qui amène l'air frais non chauffé du passage souterrain (cf. Pl. VI, ο).

λ. Cheminée en briques au centre de laquelle s'élève la cheminée en fonte β (cf. Pl. XVI, Fig. 1).

Fig. 4. Coupe de la serre A suivant la ligne g-h, Pl. VI.

α'. Tuyau horizontal en fonte qui continue le canal où passe la fumée (cf. Pl. VI, δ').

ι. Galerie voûtée qui amène l'air dans la cheminée de ventilation.

Fig. 5. Coupe de la serre A suivant la ligne i-k, Pl. VI.

α. Canal en maçonnerie par lequel s'écoule la fumée (cf. Pl. VI, δ).

ι. Galerie voûtée qui amène l'air dans la cheminée de ventilation.

Fig. 6. Coupe de la serre A suivant la ligne l-m, Pl. VI.

α. Canal en maçonnerie par lequel passe la fumée (cf. Pl. VI, δ).

θ. Canal d'aspiration.

ι. Galerie voûtée qui amène l'air dans la cheminée de ventilation.

⇈ Direction que suit l'air aspiré en s'élevant dans la galerie voûtée.

Fig. 7. Coupe de la serre A suivant la ligne n-o, Pl. VI.

α. Canal en maçonnerie par lequel passe la fumée (cf. Pl. VI, δ).

γ. Conduit principal qui reçoit l'air frais de la chambre chaude (cf. Pl. VI, ι).

ι. Orifices d'entrée de l'air dans les fossés.

η. Planches qui recouvrent les fossés et par les interstices desquelles l'air monte dans la serre.

θ. Canal d'aspiration.

Fig. 8. Coupe de la serre A suivant la ligne p-q, Pl. VI.

δ. Conduit latéral qui amène l'air frais chauffé (cf. Pl. VI, κ).

ε. Orifices d'entrée de l'air dans les fossés.

η. Planches qui recouvrent les fossés et par les interstices desquelles l'air monte dans la serre.

θ. Canal d'aspiration.

Fig. 9. Coupe de la serre A suivant la ligne r-s, Pl. VI.

θ. Canal d'aspiration.

κ. Conduit qui amène l'air frais non chauffé (cf. Pl. VI, ο).

Fig. 10. Coupe de la serre A suivant la ligne t-u, Pl. VI.

η. Planches qui recouvrent les fossés et par les interstices desquelles l'air monte dans la serre.

κ. Conduit qui amène l'air frais non chauffé (cf. Pl. VI, ο).

Pl. VIII. Chambre des générateurs, chambre chaude etc. (Pl. VI, I).

Fig. 1. Coupe suivant la ligne v-x, Pl. VI.

α. Canal par lequel passe la fumée (cf. Pl. VI, δ).
β. Ouverture pratiquée au plafond pour l'entrée de l'air (cf. Pl. IV, λ).
δ. Vestibule de la chambre chaude (cf. Pl. VI, η).
ε. Chambre chaude (cf. Pl. VI, θ).
←— Direction que suit l'air aspiré par l'ouverture β en se rendant dans le conduit principal ι, Pl. VI.

Fig. 2. Coupe suivant la ligne y-z, Pl. VI.

β. Ouverture pratiquée au plafond pour l'entrée de l'air (cf. Pl. IV, λ).
γ. Porte du vestibule de la chambre chaude (cf. Pl. VI, ζ).
δ. Vestibule de la chambre chaude (cf. Pl. VI, η).
ε. Chambre chaude (cf. Pl. VI, θ).
—→ Direction que suit l'air qui entre par l'ouverture β ou la porte γ en se rendant dans le conduit principal ι, Pl. VI.
ξ. Canal d'aspiration de la serre F (cf. Pl. VI et Pl. XI, ξ).
π. Générateurs.

Pl. IX. Serre A (Serre des Palmiers).

Coupe suivant la ligne a-b, Pl. IV.

α. Poutre tubulaire.
β. Poutre extérieure de la galerie intérieure.
γ. Poutre extérieure de la galerie extérieure.
δ. Chevrons en fer de la rotonde extérieure.
ε. Mur du fond.
ζ. Chevrons en fer de la rotonde intérieure.
η. Anneau en fer sur lequel sont boulonnés les extrémités supérieures des chevrons ζ.
θ. Sablière à laquelle sont fixées les extrémités inférieures des chevrons ζ.
ι. Contreforts en fonte destinés à renforcer les pilastres qui forment le prolongement des colonnes.
κ. Sablière à laquelle sont fixées les extrémités inférieures des chevrons δ.

Pl. X. Serre D.

Coupe suivant la ligne g-h, Pl. IV.

α. Chevrons en fer de la rotonde intérieure.
β. Poutre tubulaire.
γ. Chevrons en fer de la rotonde extérieure.

Pl. XI. Serres B, B² et F, avec les parties intermédiaires du souterrain et l'indication de la saillie de la serre des Palmiers sur la terrasse.

Coupe suivant la ligne c-d-e-f, Pl. IV.

α. Mur du fond de la serre B.
β. Colonnes en fonte.
β'. Pilastres carrés qui forment le prolongement des colonnes.
γ. Arêtier en fer.
δ. Armatures en fonte qui relient entre eux les chevrons.
ε et ζ. Consoles servant à fixer au mur du fond et aux colonnes les extrémités inférieures des chevrons.
η. Plaque angulaire en fonte qui couvre le mur de façade.
θ. Mur de revêtement.
ι. Poutre tubulaire.
κ. Bâche chauffée en maçonnerie.
λ. Mur du fond de la serre F.
μ. Puits d'aspiration.
ν. Canal d'aspiration.
ξ. Canal d'aspiration.
ο. Orifices de sortie de l'air.
π. Orifices d'entrée de l'air.

Pl. XII. Détails.

Fig. 1. Coupe de la serre G², avec le profil du grand escalier de la terrasse entre les serres F et G.

Fig. 2, T. Coupe verticale du mur des espaliers.
- - T'. Coupe horizontale du mur des espaliers.

Fig. 3. Coupe verticale d'une partie de la façade de la serre B et de son annexe B².

α. Chéneau intérieur avec le tuyau à vapeur qui sert à fondre la neige.
β'. Pilastres carrés qui forment le prolongement des colonnes (cf. Pl. XI, β').
η. Plaque angulaire en fonte qui couvre le mur de façade.
θ. Mur de façade.
ι. Poutre tubulaire.

Fig. 4. Coupe horizontale d'une partie de la façade vitrée de la serre B.

β'. Pilastres carrés qui forment le prolongement des colonnes (cf. Pl. XI, β').

Fig. 5. Coupe d'un chevron en fer revêtu de bois de l'annexe B², avec son vitrage double.

Fig. 6 et 7. Coupes des chevrons en fer des serres A-E et K, avec leur vitrage double.

a. Châssis du vitrage intérieur.
b. Châssis du vitrage extérieur.
c. Chevrons en fer.
d. Garniture en bois.
e. Listeaux en bois.
f. Coins en bois.
g. Chevilles en fer.
h. Bande en bois.
i. Boulons.
k. Écrous à ailes en bronze.

Fig. 8. Chevrons en fer avec leur vitrage double; coupe longitudinale.

a. Châssis supérieurs du vitrage intérieur.
a'. Châssis inférieurs du vitrage intérieur.
b. Châssis supérieurs du vitrage extérieur.
b'. Châssis inférieurs du vitrage extérieur.
c. Chevrons en fer.
d. Garniture en bois.
e. Listeaux en bois.
f. Coins en bois.
g. Chevilles en fer.
h. Bande en bois.

Fig. 9, 10 et 11. Coupes des chevrons en fer des serres A-E et K.

Fig. 12. Coupe d'une barre de fer à cornière.

Pl. XIII. Serres H et I.

Fig. 1. Coupe de la serre H suivant la ligne a-b, Fig. 2.

Fig. 2. Plan de la serre H.

Fig. 3. Coupe de la serre I suivant la ligne c-d, Fig. 4.

Fig. 4. Plan de la serre I.

Pl. XIV. Serre K (Aquarium).

Fig. 1. Élévation de la façade.

Fig. 2. Coupe suivant la ligne a-b, Fig. 3.

θ. Tuyaux à vapeur (gros).
ι. Tuyaux à vapeur (petits).
ϱ. Récipient pour l'eau de condensation des tuyaux à vapeur.
σ. Tuyau qui amène l'eau du récipient ϱ dans les tuyaux τ.
τ. Tuyaux calorifères en cuivre étamé du bassin.

Fig. 3. Plan.

θ. Tuyaux à vapeur.
ϱ. Récipient pour l'eau de condensation des tuyaux à vapeur.
σ. Tuyau qui amène l'eau du récipient ϱ dans les tuyaux τ.
τ. Tuyaux calorifères en cuivre étamé du bassin.

Pl. XV. Serres L (pour la multiplication des plantes et les recherches scientifiques).

Fig. 1. Coupe suivant la ligne a-b, Fig. 3.

IV. Serre pour la multiplication des plantes.
V. Serre pour les recherches scientifiques.
α. Tuyaux à vapeur.
β. Tuyaux à eau chaude.

Fig. 2. Coupe suivant la ligne c-d, Fig. 3.

Fig. 3. Plan.

I. Local servant aux semis et au rempotage des plantes.
II et III. Chambres de travail.
IV. Serre pour la multiplication des plantes.
V. Serre pour les recherches scientifiques.
α. Tuyaux à vapeur.
β. Tuyaux à eau chaude.

Pl. XVI. Cheminée.

Fig. 1. Coupe suivant la ligne æ-e, Pl. VI.

Fig. 2. Élévation.

Pl. XVII. Appareil de ventilation au sommet de la serre A.

Fig. 1. Coupe de la lanterne.

α. Tige avec une vis sans fin.
β. Écrou mobile.
γ. Tirants.
δ. Fenêtres mobiles.
ε et ε'. Roues d'engrenage.
ζ. Chevrons en fer en I.
η. Anneau en fer à cornière.
ϑ. Anneau en fonte.
ι. Anneau d'arrêt fixé à la tige α.
κ. Crapaudine.
λ. Chéneau extérieur.
μ. Chéneau intérieur.

Fig. 2. Plan de la lanterne.

α. Tige avec une vis sans fin.
δ. Fenêtres mobiles.
ζ. Chevrons en fer en I.
ϑ. Anneau en fonte.

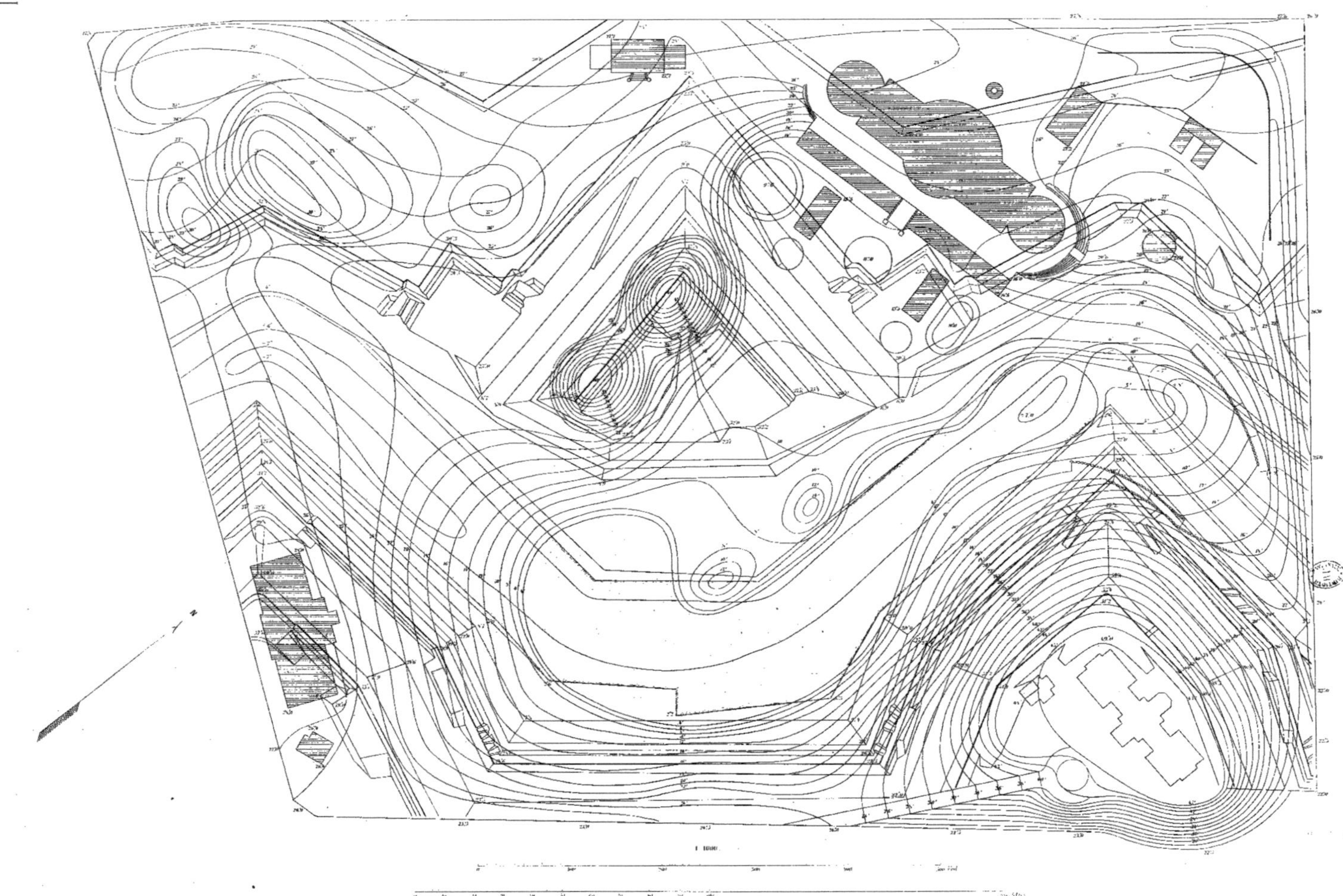

II.

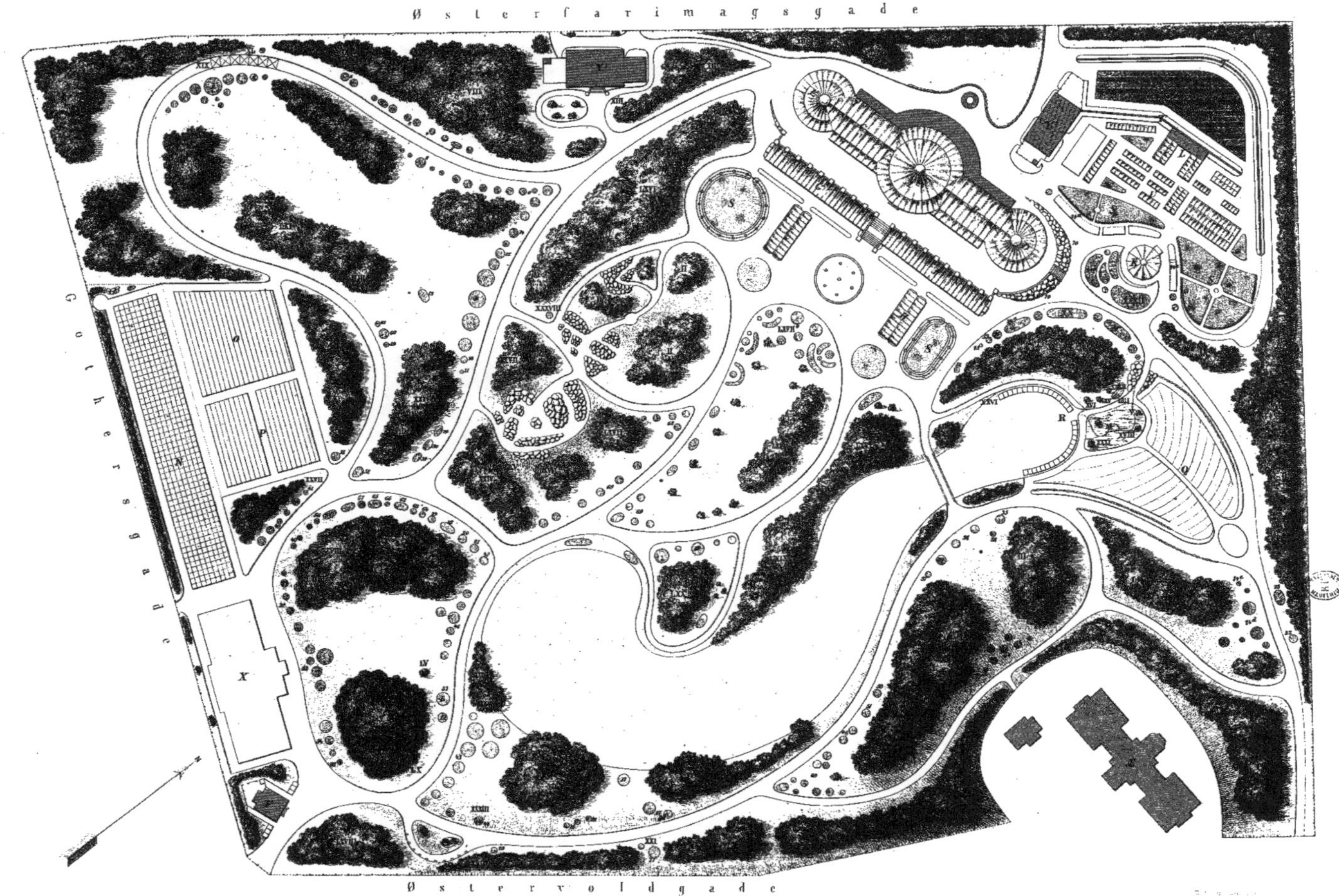

III.

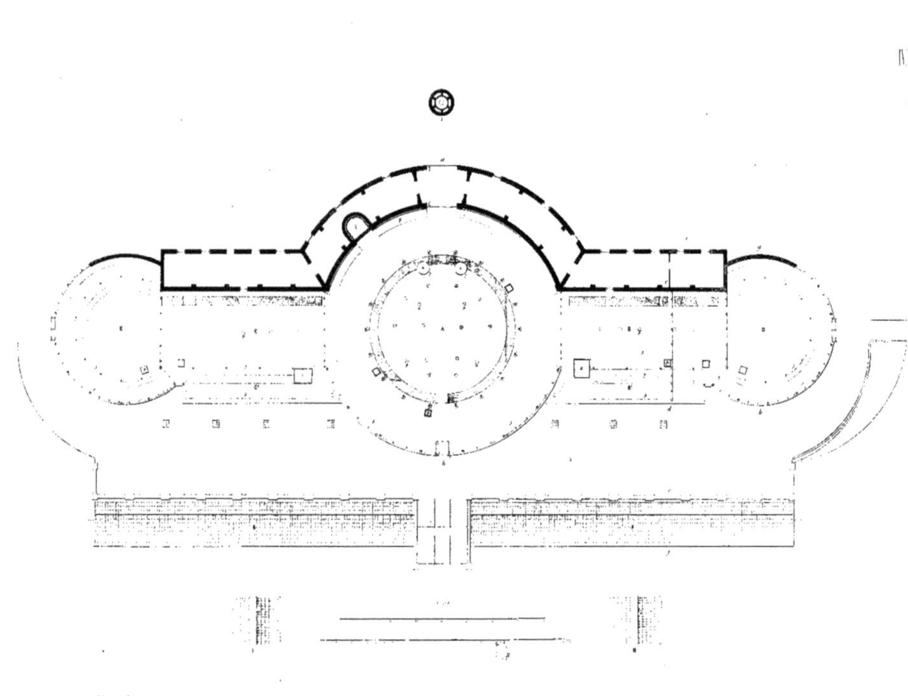

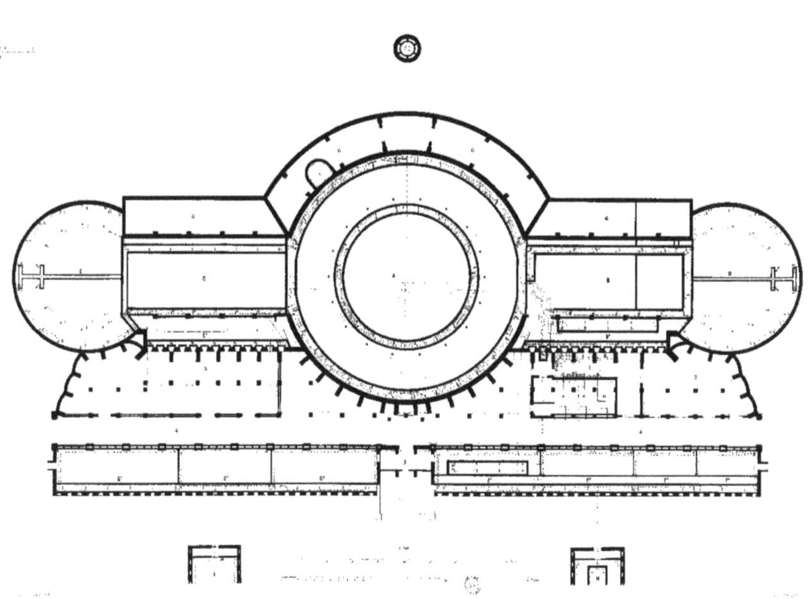

1

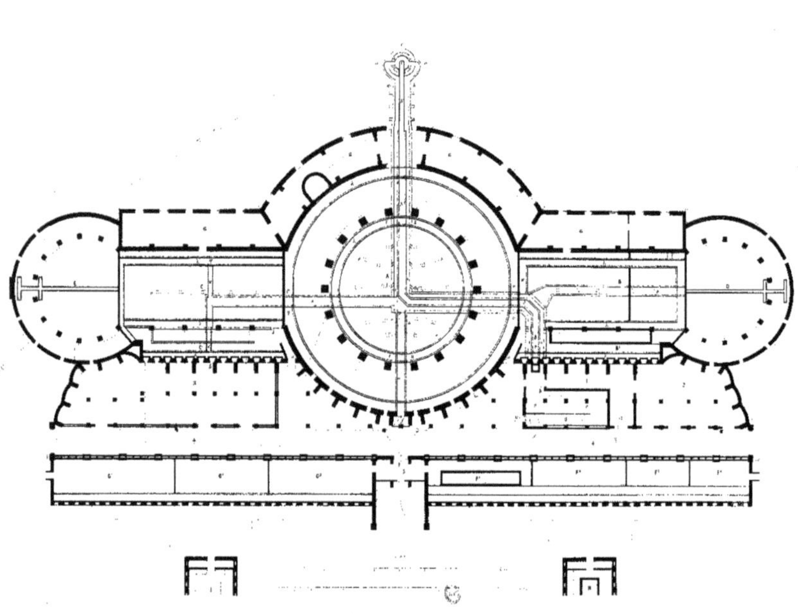

VII.

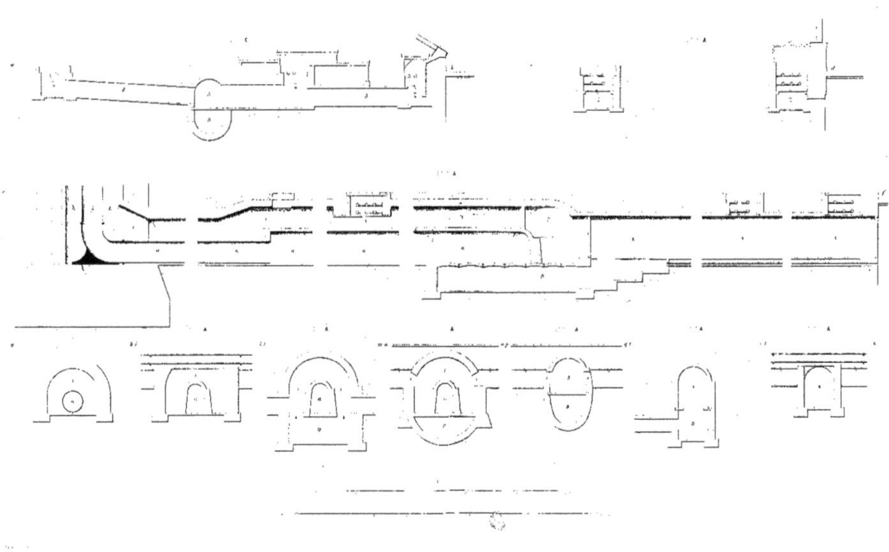

VIII.

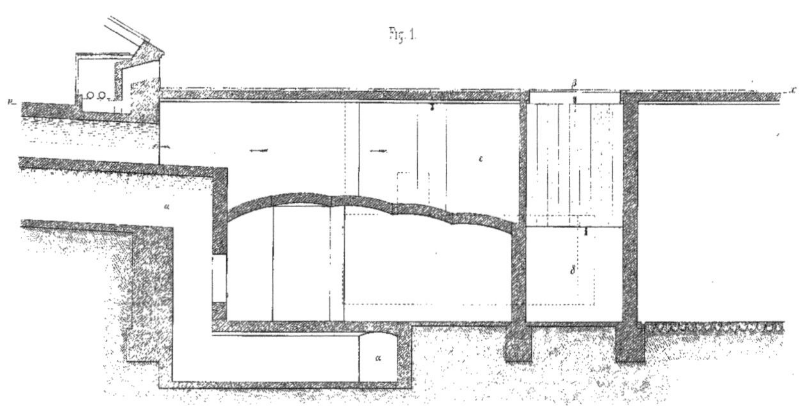

Fig. 1.

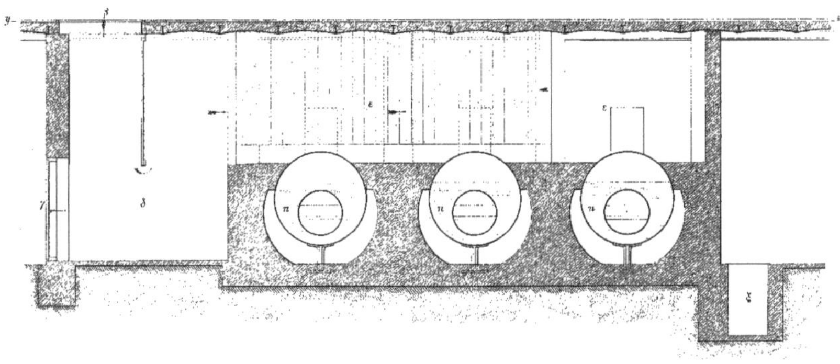

Fig. 2.

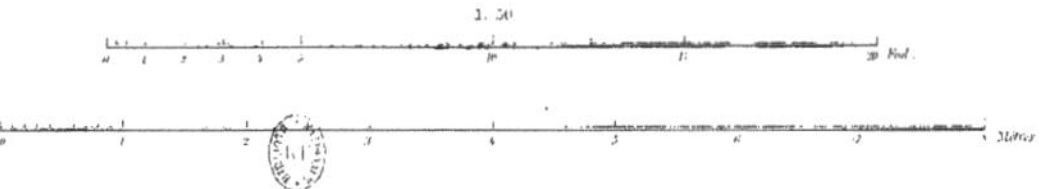

H. C. v. Scheeling del.

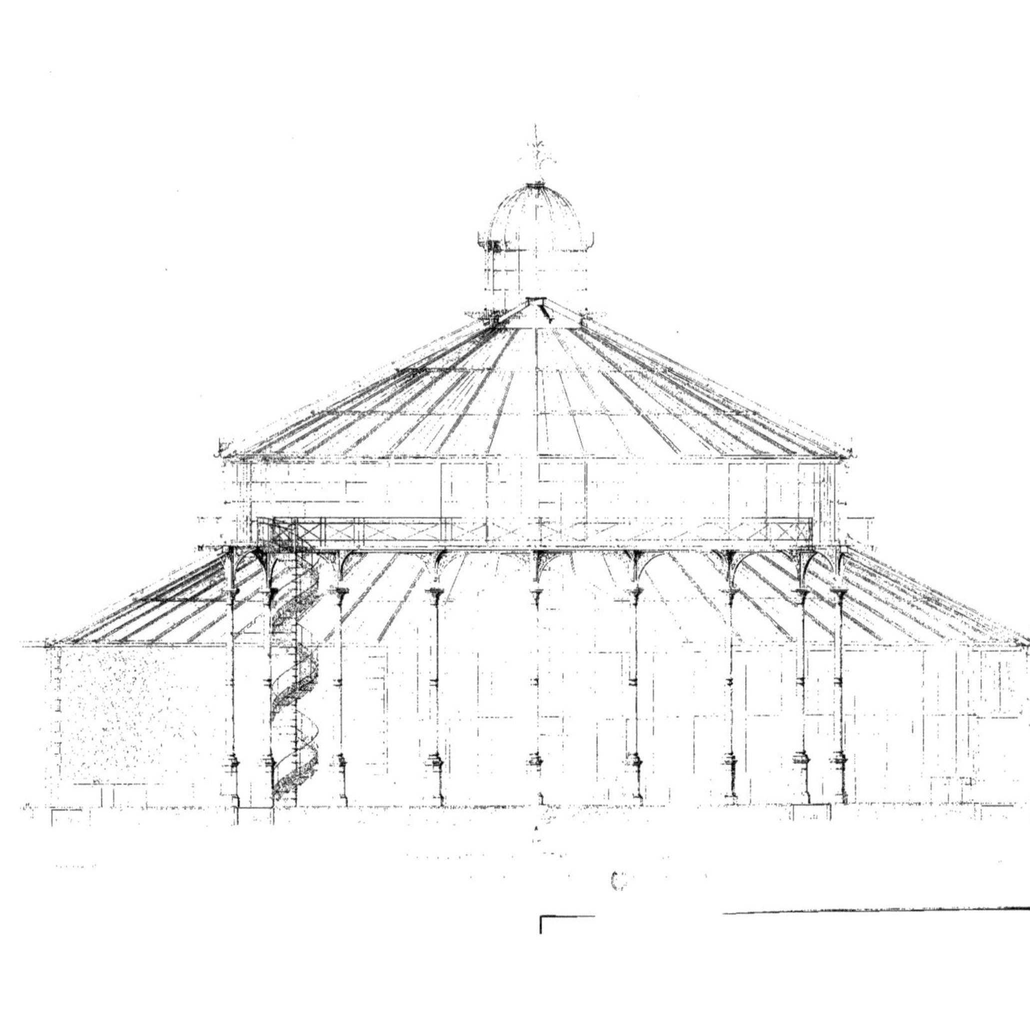

X.

g
h
D
1:50
0 1 2 3 4 5 10 15 20 25 Fod
0 1 2 3 4 5 6 7 8 9 10 Mètres
H. C. H. Scharling del

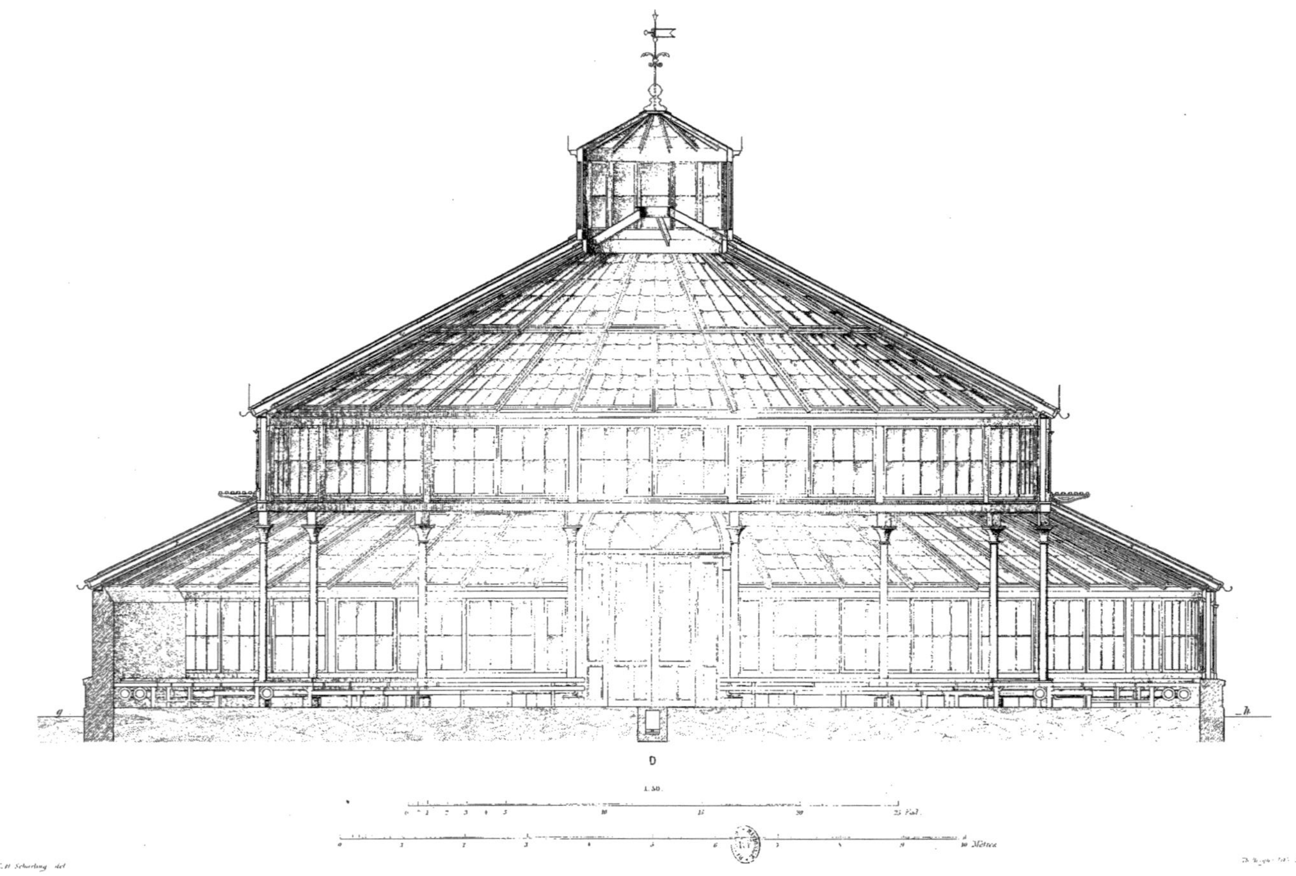

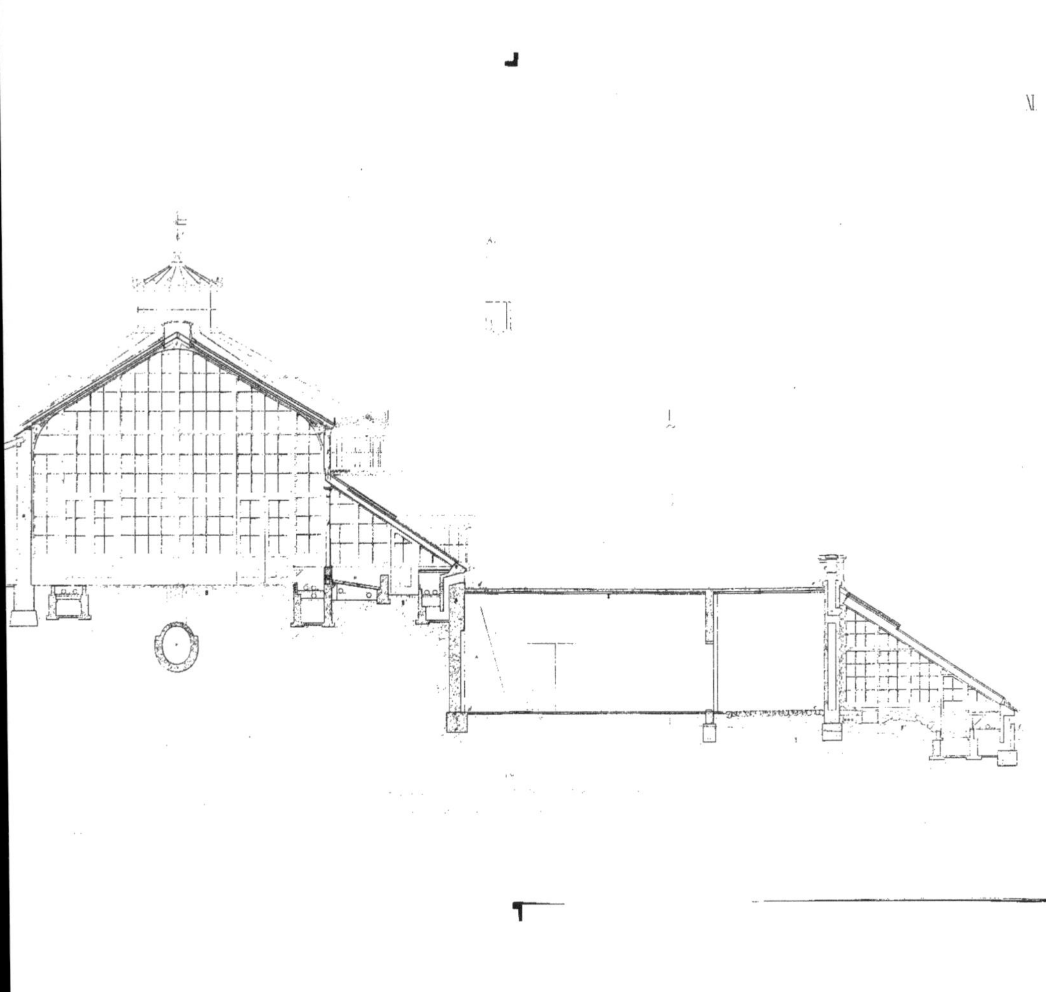

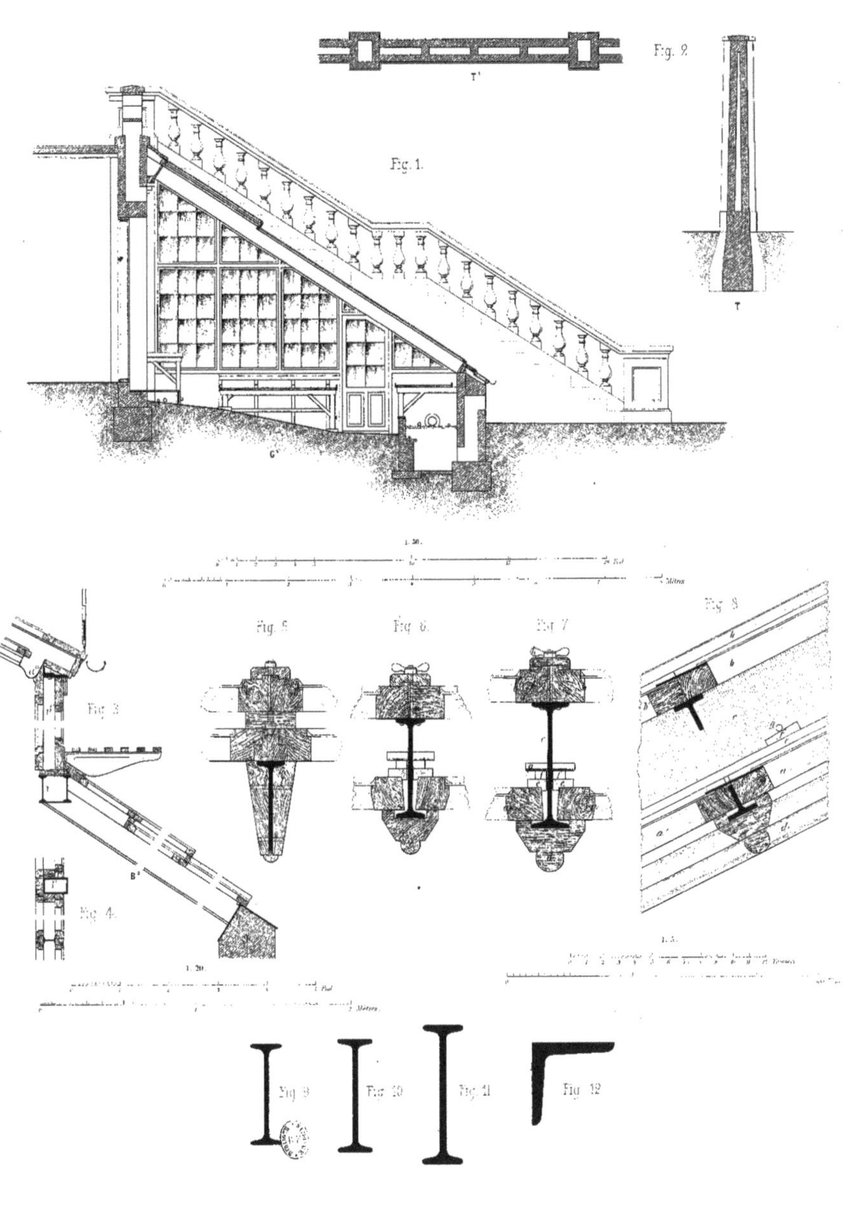

Fig. 2
Fig. 1.
Fig. 3
Fig. 4.
Fig. 5
Fig. 6.
Fig. 7
Fig. 8
Mètres
Fig. 9
Fig. 10
Fig. 11
Fig. 12

XIII.

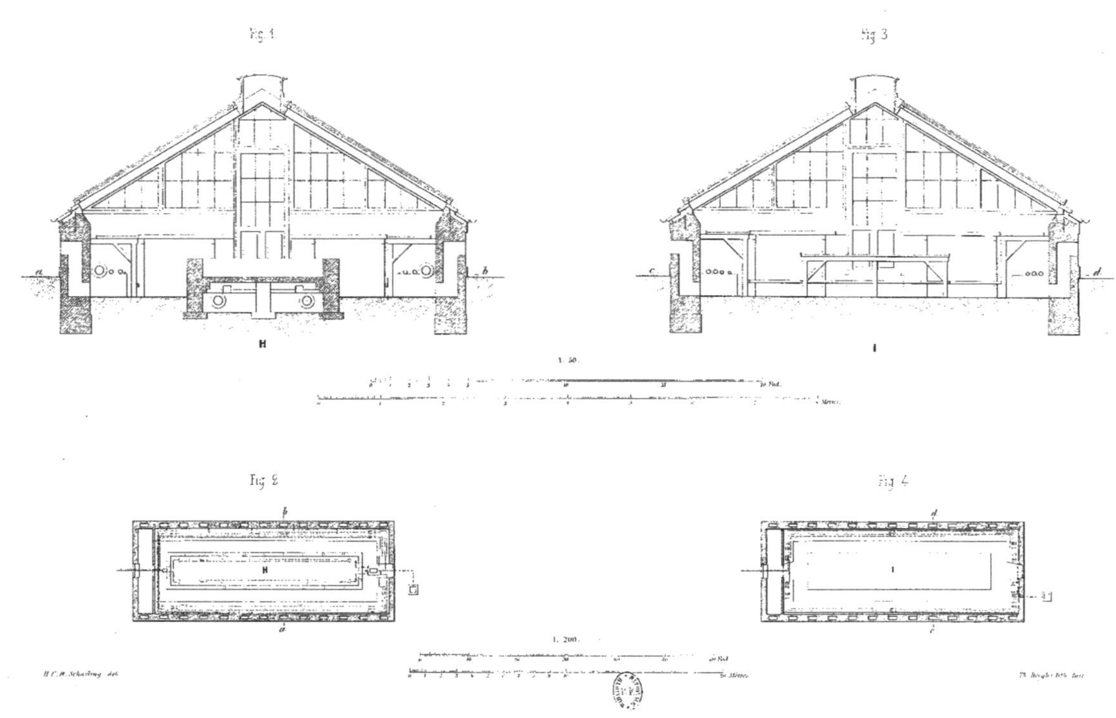

H. C. M. Schaaring del. Th. Bongers Delft lith.

XIV.

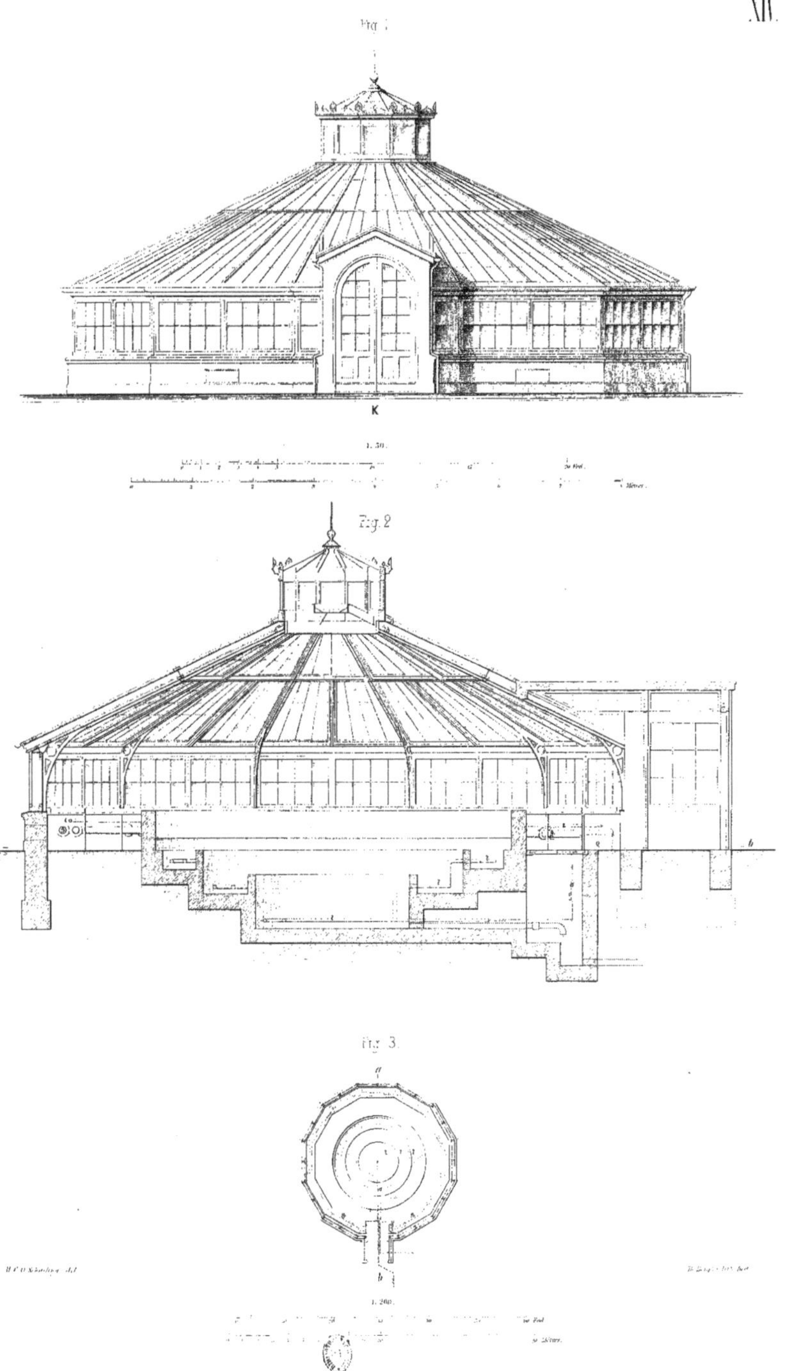

XV.

Fig. 1

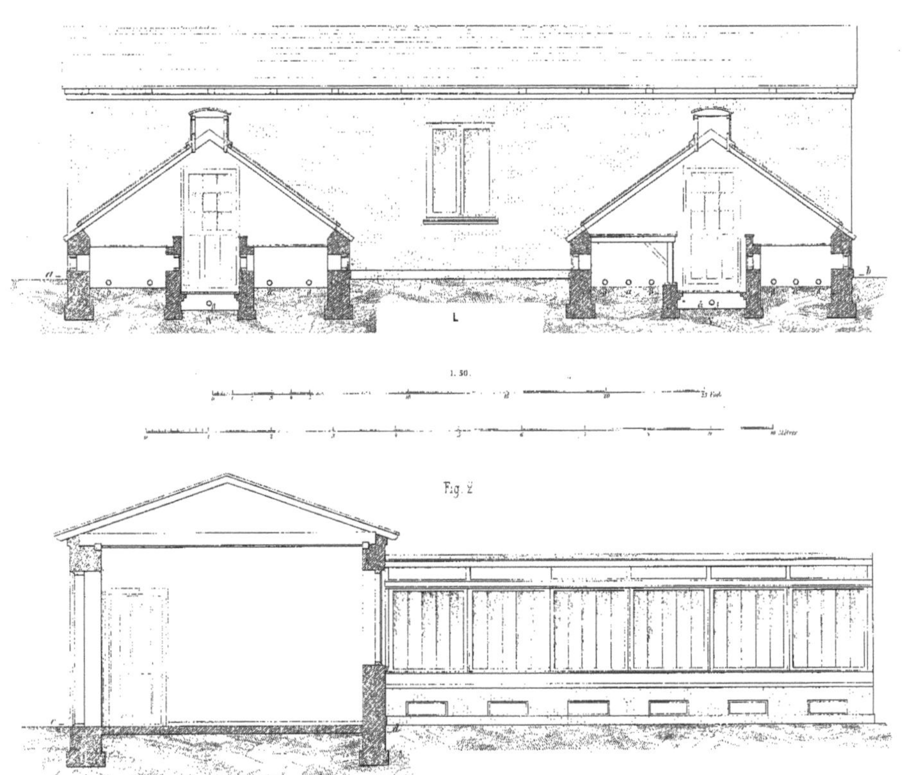

Fig. 3

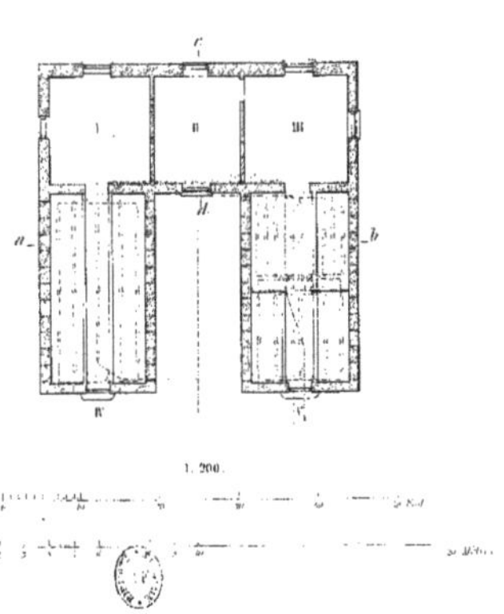

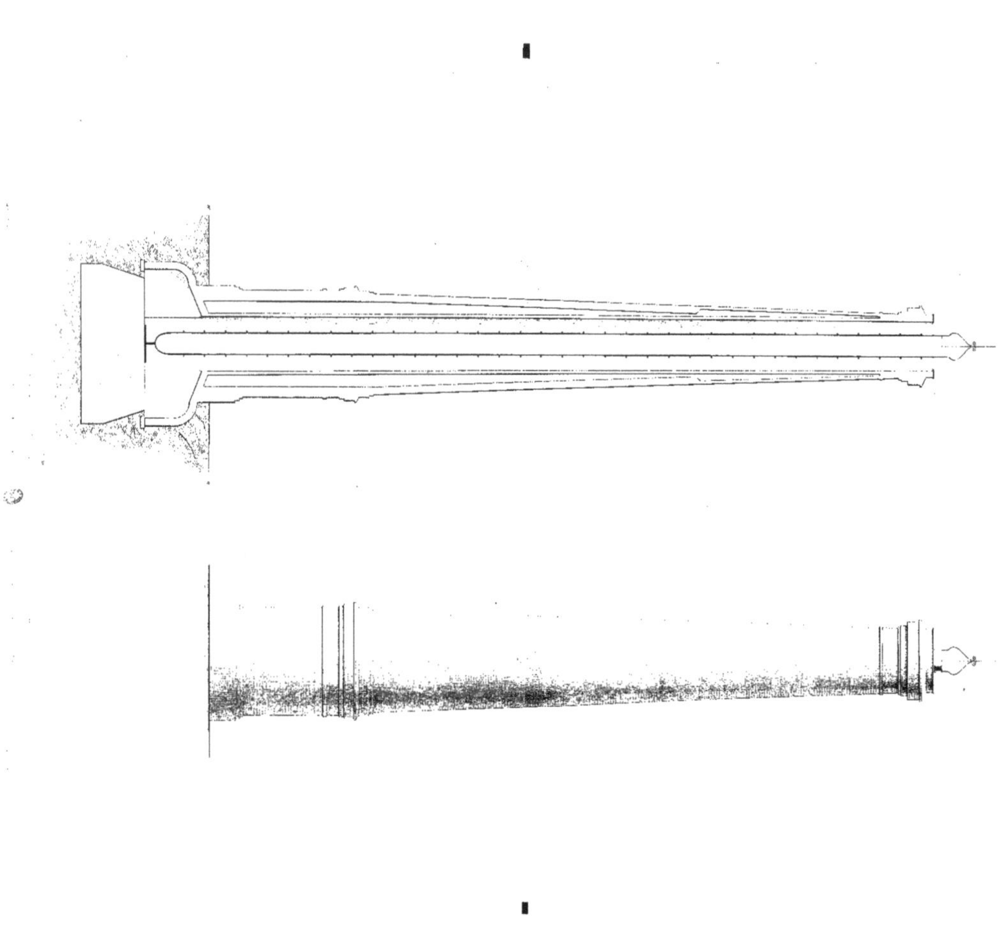

XVII.

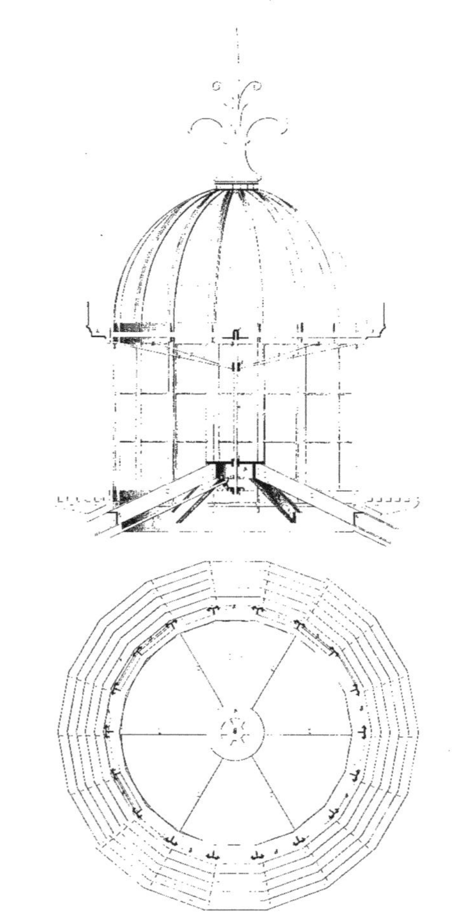

www.ingramcontent.com/pod-product-compliance
Ingram Content Group UK Ltd.
Pitfield, Milton Keynes, MK11 3LW, UK
UKHW021648260726
13994UKWH00003B/1337